JOSÉ ARCE

JOSÉ ARCE'S
PRAXISBUCH
Individuelle Wege zum perfekten Mensch-Hund-Team

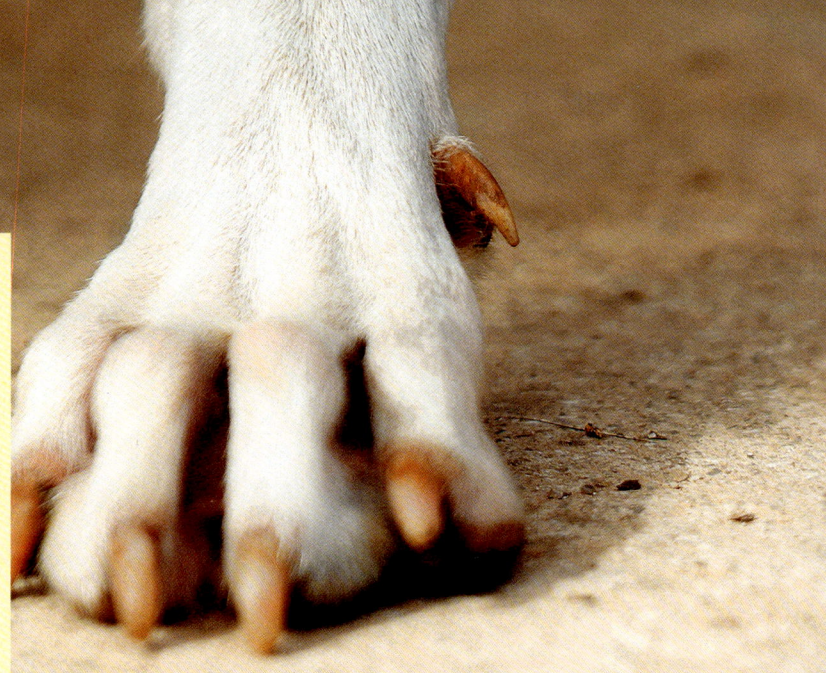

DIE GU-QUALITÄTS-GARANTIE

Wir möchten Ihnen mit den Informationen und Anregungen in diesem Buch das Leben erleichtern und Sie inspirieren, Neues auszuprobieren. Bei jedem unserer Produkte achten wir auf Aktualität und stellen höchste Ansprüche an Inhalt, Optik und Ausstattung. Alle Informationen werden von unseren Autoren und unserer Fachredaktion sorgfältig ausgewählt und mehrfach geprüft. Deshalb bieten wir Ihnen eine 100 %ige Qualitätsgarantie.

Darauf können Sie sich verlassen:
Wir legen Wert auf artgerechte Tierhaltung und stellen das Wohl des Tieres an erste Stelle. Wir garantieren, dass:
• alle Anleitungen und Tipps von Experten in der Praxis geprüft und
• durch klar verständliche Texte und Illustrationen einfach umsetzbar sind.

Wir möchten für Sie immer besser werden:
Sollten wir mit diesem Buch Ihre Erwartungen nicht erfüllen, lassen Sie es uns bitte wissen! Wir tauschen Ihr Buch jederzeit gegen ein gleichwertiges zum gleichen oder ähnlichen Thema um. Nehmen Sie einfach Kontakt zu unserem Leserservice auf. Die Kontaktdaten unseres Leserservice finden Sie am Ende dieses Buches.

GRÄFE UND UNZER VERLAG
Der erste Ratgeberverlag – seit 1722.

GEMEINSAM LEBEN, GEMEINSAM LERNEN

Zum Nachschlagen

EIN PAAR WORTE VORAB

Ich denke, jeder Hundebesitzer wünscht sich einen Hund, der ihm absolut vertraut und dem er absolut vertrauen kann. Mit diesem Buch möchte ich Ihnen zeigen, wie Sie dieses Ziel gemeinsam erreichen.

Wenn ich ehrlich bin, hatte ich nie vor, ein Buch über Hundeerziehung zu schreiben. Ich bin nämlich der Meinung, dass sich von ganz allein eine glückliche Beziehung einstellt, wenn man Hunde als das akzeptiert, was sie sind: Hunde. Wenn man ihre Natur respektiert und sich selbst so verhält, wie sie es von »ihrem« Menschen erwarten, werden sie automatisch zu den ausgeglichenen, sicheren und ruhigen Tieren, die wir uns wünschen. Und nur dann wird man mit seinem Vierbeiner zu dem eingeschworenen Team, von dem die meisten Hundehalter träumen, wenn sie sich das Leben mit Hund vorstellen.

Damit diese Idee Wirklichkeit wird, muss man jedoch erst einmal wissen, wie Hunde ticken. Denn auch wenn die Vierbeiner uns in vielen Dingen sehr ähnlich sind, dürfen wir nicht einfach unsere eigenen Wünsche auf sie projizieren und erwarten, dass sie reagieren wie ein Mensch es tun würde. Im Gegenteil. Wenn wir sie nicht als Hunde erkennen, kann das der Harmonie ziemlich zusetzen. Denn anders als unter unseresgleichen üblich werden Differenzen zwischen Mensch und Hund nicht mit Worten ausgefochten –

zumindest nicht von beiden Seiten. Stattdessen treten immer mehr Probleme im Zusammenleben auf: Wenn Frauchen oder Herrchen so handeln, dass ihr Hund sie nicht versteht, benimmt der sich immer öfter so, wie es seinen Besitzern gar nicht gefällt. Nicht selten schaukeln beide sich gegenseitig immer mehr auf – bis am Ende gar nichts mehr funktioniert und bei mir das Telefon klingelt …

Die Natur des Hundes

Man kann heute mit Sicherheit sagen, dass der Hund vom Wolf abstammt. Und so sehr der Mensch bei der Züchtung immer neuer Rassen ihn über die Jahrtausende auch »geformt« hat, ist es ihm doch nicht gelungen, seine Wurzeln vollständig zu kappen. In jedem seiner »Schöpfungen« schlummert noch immer ein kleiner Wolf. Das bedeutet nicht nur, dass Hunde nach wie vor Fleischfresser sind oder sich gern in der freien Natur aufhalten. Sie haben auch Sinne, die weit jenseits unserer Vorstellungskraft liegen: Sie können mit ihren über 2 000 Millionen Geruchsrezeptoren die Botenstoffe, die unser Körper Sekunde um Sekunde ausschüttet, wie ein biochemisches Informationsnetz dechiffrieren und sogar Krebszellen erschnüffeln. Sie registrieren noch die kleinste unserer Bewegungen, weil ihr Auge pro Sekunde 80 Einzelbilder schießt. Und sie hören Töne, die so hoch sind, dass unsere Ohren sie nicht einmal andeutungsweise wahrnehmen. Vor allem aber verfügt jeder Hund bis heute über ein wölfisches Instinktverhalten – angeborene, ziel- und zweckgerichtete Verhaltensweisen, die sich diese Tiere wie jede andere Spezies auch im Laufe der Evolution angeeignet haben. Um unter allen Umständen ihr Überleben zu sichern.

Die meisten dieser Wolf-Instinkte sind dazu da, das Überleben in der freien Wildbahn zu sichern. Sie werden nicht bewusst gesteuert, sondern durch bestimmte Situationen und Reize ausgelöst und aktivieren ihrerseits eine Kette ganz spezifischer Reaktionen. Der Jagdinstinkt zum Beispiel sichert die Nahrung, der Territorialinstinkt das Jagdrevier und den Lebensraum des gesamten Rudels. Der Sexualinstinkt wiederum hält den Rudelbestand aufrecht.

»Die wölfischen Instinkte sind im Zuge der Domestizierung nicht abhandengekommen und stecken selbst im kleinsten Hund.«

Ein Instinkt gilt dabei quasi als »Basisinstinkt«, weil er im Prinzip die Voraussetzung fürs Überleben schafft: der soziale Rudelinstinkt. Ohne ihn können Wolfswelpen nicht sicher aufwachsen und lernen, die Nahrungssuche wäre um vieles schwieriger und das Territorium nicht sicher vor Eindringlingen. Wölfe sind eben Rudeltiere. Ein einsamer Wolf, so heroisch dieser Begriff auch klingen mag, ist ein ausgestoßenes, ganz und gar unglückliches Tier.

DIE GRUPPE BEDEUTET SICHERHEIT

Auch Hunde sind keine Einzelgänger. Wenn sie wie Wild- oder Straßenhunde nicht bei Menschen leben, bilden sie mehr oder weniger große Rudel. Und in diesen gibt es – was ein Rudel vom lockeren Verband einer Herde unterscheidet – hierarchische Strukturen: Wie bei ihren Ahnen, den Wölfen, gibt es einen Anführer, der die Verantwortung für den Rest der Truppe übernimmt. Dieses Leittier sorgt dafür, dass Regeln und Grenzen innerhalb der Gruppe eingehalten werden. Denn nur dann kann sich jedes einzelne Rudelmitglied sicher fühlen und seine ihm zugedachte Aufgabe erfüllen, zum Beispiel den Nachwuchs aufziehen, Essen aufspüren oder das Revier bewachen. Und das wiederum ist wichtig, um das Überleben des gesamten Rudels zu sichern.

Es wäre allerdings falsch zu denken, der Rudelführer würde für Ruhe und Ordnung sorgen, indem er Angst und Schrecken verbreitet – eine Theorie, die bis weit ins letzte Jahrhundert übrigens auch unter manchen Hundehaltern verbreitet war. Das Gegenteil ist der

Fall. Anführer sind gerade jene Tiere, die besonders ruhig, sicher und besonnen handeln. Und die in der Lage sind, diese innere Ruhe und Sicherheit auch an ihr »Team« zu vermitteln und auf jedes einzelne Rudelmitglied zu übertragen.

Die Verantwortung liegt bei uns

Unsere Hunde müssen sich heute nicht mehr darum kümmern, Nahrung zu finden. Sie müssen ihr Territorium nicht vor Eindringlingen schützen, die ihnen ihren Schlafplatz oder ihr Jagdgebiet streitig machen wollen. Sie müssen sich nicht vermehren, um den Bestand zu sichern. Sie müssen all das nicht tun, weil wir für sie sorgen. Dennoch verfügt selbst der kleinste Chihuahua noch heute über die natürlichen Instinkte, die seiner Art über Jahrtausende den Erhalt sicherten. Und diese Instinkte können an die Oberfläche kommen, wenn wir Menschen die natürlichen Bedürfnisse unserer Hunde vergessen – allen voran ihren tiefen Wunsch nach Sicherheit.

Was das bedeutet, erlebe ich tagtäglich bei meiner Arbeit: Die Tiere hören nicht, gehen schlecht an der Leine, kläffen ununterbrochen, bleiben nicht allein oder haben zum Beispiel ständig Ärger mit anderen Hunden und Menschen. Kurzum: Sie haben Stress und sind nicht ausgeglichen, verhalten sich genau so, wie wir es nicht möchten und sorgen damit für Unzufriedenheit auf beiden Seiten.

Um zu verhindern, dass es so weit kommt, müssen wir für ein Umfeld sorgen, in dem sich ein Hund

Hunde wollen mit uns leben und suchen von sich aus unsere Nähe. Das macht es eigentlich ganz einfach.

Von Anfang an lernen Hunde durch andere: erst von der Mutter und Geschwistern, später auch von uns.

wohlfühlt. Und damit meine ich nicht ein bequemes Körbchen, irgendein besonders teures Futter oder ein Haus mit Garten. Erst recht nicht ein schickes Halsband und die passende Leine. Sicher, all das stört den Vierbeiner vermutlich nicht, unter Umständen genießt er es sogar (okay, die Farbe von Halsband und Leine ist ihm wirklich egal). Aber was er wirklich braucht, ist, dass wir ihn als echtes Familienmitglied bei uns aufnehmen, damit er in einer Gruppe leben kann, wie er es von Geburt an gewohnt ist – und wie es seiner Natur entspricht. Der soziale Rudelinstinkt sorgt schließlich nicht nur dafür, dass Welpen in den ersten Lebenswochen sicher und wohlbehütet heranwachsen und von ihrer Mutter oder den Geschwistern, später auch von den Menschen um sie herum, lernen können. Er ist ganz maßgeblich auch dafür verantwortlich, dass das Mensch-Hund-Team funktioniert und der gemeinsame Alltag ohne Komplikationen verläuft. Nur in der Gruppe können Jungtiere sicher aufwachsen und von den Älteren lernen, was sie zum (Über-)Leben brauchen. Und zu diesen »Älteren« zähle ich auch uns Menschen. Er braucht uns, damit es ihm gut geht. Wir sind seine Familie.

»Nur wenn sich die einzelnen Rudelmitglieder sicher fühlen, fühlen sie sich unbeschwert, angstfrei und entspannt.«

Wenn ein Hund spürt, dass wir uns für ihn verantwortlich fühlen und ihm Sicherheit geben, geht es ihm gut.

BINDUNG IST DIE BASIS FÜR ALLES

Natürlich müssen wir die ein oder anderen Regeln aufstellen, damit ein Hund sich bei uns sicher fühlt. Das Wichtigste aber ist, dass wir uns bewusst werden, dass wir die Verantwortung für ihn haben. Damit beschränken wir ihn nicht in seiner Freiheit und Individualität, sondern respektieren seine Natur. Sehr viele Menschen tun sich trotzdem schwer damit zu akzeptieren, dass sich ein Hund wohlfühlt, wenn er nicht »selbstständig« handeln darf und wir für ihn die Verantwortung tragen. So wie Eltern die Verantwortung für ihre Kinder tragen. Wir helfen unseren Hunden, wenn wir das Ruder in die Hand nehmen und sagen, wo es langgeht. Weil sie sich dann sicher und geborgen fühlen. Weil sie dann wissen, wohin sie gehören. Weil sie sich ohne uns nicht in unserer Menschenwelt zurechtfinden würden. Weil es ihnen nur so wirklich gut geht. Und das bedeutet, dass sie automatisch das machen, was ihre Menschen von einem »guten« Hund erwarten. So können beide das Zusammenleben in vollen Zügen genießen.

Worauf ich hinauswill: Wenn wir uns so verhalten, wie es ein Hund braucht, wenn wir selbst immer ruhig und sicher sind, so wie es ein guter Anführer im wild lebenden Hunderudel ist, gibt es auch in der Mensch-

Wenn Hunde unter sich sind, sind die »Fronten« schnell geklärt. Dann ist Zeit für wichtigere Dinge wie Toben.

Hund-Beziehung keine Probleme. Wenn die Basis stimmt, stellt sich alles andere quasi von allein ein. Wobei wir wieder beim Thema wären: Ein Buch zur Hundeerziehung hielt ich lange Zeit schlicht und einfach für überflüssig.

Das Ziel: ein perfektes Team

Nachdem ich mein erstes Buch geschrieben hatte, in dem ich meine fünf Geheimnisse für eine glückliche Mensch-Hund-Beziehung verrate, haben mich jedoch viele Leute gefragt, ob sie ihnen nicht noch mehr praktische Tipps geben könnte, wie sich der Alltag mit dem Hund besser gestalten ließe. Die einen wollten sich gern einen Hund anschaffen und wissen, was es zu beachten gilt, um von Anfang an alles richtig zu machen. Die anderen waren unzufrieden, weil sich bei ihrem Hund mit der Zeit die ein oder andere Unart eingeschlichen hatte, die das Zusammenleben und den gemeinsamen Alltag deutlich erschwerte. Und nicht zuletzt gab es diejenigen, die einfach noch ein bisschen mehr für ihr sechsbeiniges Team tun wollten und sich eine noch intensivere Beziehung zu ihrem Vierbeiner wünschten. Die Wünsche waren so unterschiedlich wie die Menschen und ihre Hunde selbst.

Weil ich Hunde liebe und mir wünsche, dass es möglichst vielen von ihnen gut geht (dasselbe gilt natürlich auch für ihre Besitzer), begann ich daher doch zu überlegen, wie ich nicht nur meine Philosophie weitertragen könnte, sondern auch all die alltäglichen, aber eben doch »lebenswichtigen« Dinge, die ich meinen Kunden bei meinen Besuchen erkläre und zeige. Denn natürlich muss ein Hund in unserer Menschenwelt gewisse Dinge einfach beherrschen, wenn es nicht zu Problemen in der Familie oder mit anderen Zwei- oder Vierbeinern kommen soll. Unsere moderne Umwelt hat schließlich nur noch wenig zu tun mit dem Umfeld, in dem sich der Hund viele Jahrtausende bewegte. Deshalb müssen wir ihm zeigen, wie unser Leben heute funktioniert.

Es braucht einen Grundstock an Regeln, wenn zwei oder mehr Lebewesen gut miteinander auskommen wollen – das gilt für Menschen genauso wie für Hunde. Und wenn man mehr als nur friedlich nebeneinanderher leben will, wenn man eine gute Beziehung haben, ein eingeschworenes Team werden will, braucht es sogar noch ein bisschen mehr als nur ein paar Regeln. Wir müssen uns dazu nur immer wieder daran erinnern, was ein Hund ist. Was er braucht. Und was wir ihm geben müssen.

Die wichtigste Voraussetzung für einen gut »erzogenen« Hund ist eine gute Mensch-Hund-Beziehung.

11

ARTGERECHTE HUNDEERZIEHUNG

Es liegt in der Natur des Hundes, dass er uns Menschen gern folgt. Wir brauchen daher im Grunde nur dafür zu sorgen, dass er diesen Instinkt nicht »verlernt«. Dann läuft die Erziehung im Alltag ganz nebenbei mit.

VON NATUR AUS EIN TEAM

Hunde waren die ersten Tiere, die unsere Ahnen domestizierten, sie leben
seit Jahrtausenden mit uns zusammen. Müssten wir uns da nicht blind
verstehen? Woran liegt es nur, dass es immer wieder Probleme gibt?

Menschen und Hunde verbindet sehr viel: Beide sind Jäger und Raubtiere, leben in Familien und kümmern sich gemeinsam um die Aufzucht der Nachkommen. Sie pflegen lebenslange Beziehungen und sind wahre Talente, wenn es ums Kommunizieren und Kooperieren geht. Und Wissenschaftler haben festgestellt, dass unsere Vierbeiner sogar von den gleichen Krankheiten geplagt werden wie wir selbst.

Hunde begleiten uns länger als jede andere Art. Bevor unsere Ahnen Ziegen, Schafe oder Rinder hielten, lebten sie bereits mit Hunden zusammen. Die Analyse einer Wolfsrippe von der nordrussischen Halbinsel Taimyr lässt vermuten, dass die Domestizierung des Wolfes sogar noch deutlich früher begann als bisher angenommen: Die genetischen Wege von Wolf und Hund trennten sich demnach nicht erst vor etwa 10 000 bis 15 000, sondern bereits vor 27 000 bis 40 000 Jahren. Und Forscher haben herausgefunden, dass Hunde (und ihre Vorfahren) sogar Gene besitzen, durch das ein Enzym gebildet wird, mit dessen Hilfe sie stärkereiche Kost verdauen können – ein entscheidender Vorteil, als der Mensch sesshaft wurde

und sich vom Jäger zum Ackerbauern wandelte. Schließlich hatte damit nicht nur sein Speiseplan einen deutlich höheren Stärkeanteil als zuvor, sondern auch der seines vierbeinigen Gefährten.

Keiner kann heute mit Gewissheit sagen, ob sich der Wolf dem Menschen in einer losen Zweckgemeinschaft anschloss, in der Hoffnung, dass in seiner Nähe Nahrungsreste als Beute für ihn abfallen würden. Oder ob die Menschen irgendwann Wolfswelpen aufzogen, emotionale Bindung zu den Tieren aufbauten und in ihnen bald verlässliche (Jagd-)Gefährten sahen. Vielleicht kam auch beides zusammen?

Tatsache ist: In vielen tausend Jahren haben wir aus einem wilden Tier ein Tier gemacht, das uns aus freien Stücken gehorcht und folgt. Ein Tier, das gelernt hat, unsere Menschensprache zu verstehen. Und das sich in dieser Kunst mit den Jahrtausenden zu einem wahren Meister entwickelt hat. Ich habe kürzlich in einer Studie gelesen, dass Hundewelpen, wenn sie sich entscheiden müssen, ob sie lieber Kontakt zu einem fremden Menschen oder einem fremden Hund aufnehmen wollen, sich anders als Wolfsjunge immer für den Zweibeiner entscheiden. Das zeigt deutlich, wie sehr Hunde uns als Sozialpartner ansehen. Wir sind ihre »Familie«.

> »Vermenschlichung beginnt,
> wenn wir die Bedürfnisse unserer
> Hunde als menschliche
> Bedürfnisse interpretieren.«

Wo immer man sich auf der Welt umschaut, egal auf welchem Kontinent wir leben: Wo Menschen sind, sind auch Hunde. Das zeigt, dass die Bindung des Hundes zum Menschen grundsätzlich vorhanden ist. Sie muss nicht mühsam aufgebaut werden. Sie ist da. Der Hund hat sich uns sogar so gut angepasst, dass er uns »lesen« kann wie kein anderes Tier. Er muss nicht erst lernen, unsere kommunikativen Gesten zu deuten. Er versteht uns intuitiv. Wissenschaftler haben herausgefunden, dass schon sechs Wochen alte Welpen ein unter einem umgedrehten Becher verstecktes Leckerli finden, nur weil sie mit dem Finger auf diesen zeigen. Zu dieser großartigen Leistung sind nicht einmal Menschenaffen fähig, immerhin unsere nächsten Verwandten im Tierreich. Interessanterweise reagieren Wolfswelpen nicht auf Fingerzeichen, selbst wenn sie vom Menschen aufgezogen wurden und an ihn gewohnt sind. Was wieder zeigt, dass Hund nicht einfach »gezähmte« Wölfe sind. Die Bereitschaft, mit uns zu kommunizieren, scheint dem Hund in einem gewissen Maß angeboren. Vermutlich war es im Lauf der Domestizierung für ihn von Vorteil, sich gut mit dem Menschen zu verstehen. Das macht die Beziehung zueinander an sich einfach. Und es gibt ja auch Hundebesitzer, die keinerlei Probleme mit ihren Vierbeinern haben. Warum? Diese Menschen setzen unbewusst ihre natürlichen Instinkte ein. Und verhalten sich so, wie es ihr Hund braucht. Bei vielen jedoch ist die natürliche Verbindung zwischen Mensch und Hund verloren gegangen. Statt ihnen auf einer Augenhöhe zu begegnen, sind Hunde in unserer modernen Gesellschaft zur Projektionsfläche zahlreicher menschlicher Sehnsüchte geworden – gerade weil sie uns in vielen Dingen so ähnlich sind und flexibel auf uns reagieren. Es ist kein Wunder, dass es immer wieder zu Problemen kommt. Das Gute daran ist, dass die Menschen diese Fehler aus Liebe machen. Daher sind sie bereit, sich zum Wohle ihrer Tiere zu verändern. Ich helfe Ihnen dabei, ihre unterdrückten Instinkte wieder zu wecken. Und genau das möchte ich auch mit diesem Buch erreichen.

Unbewusste Vermenschlichung

Keine Frage: Die Leute, die mich Tag für Tag um Hilfe bitten, weil mit ihrem Hund irgendetwas nicht so klappt, wie sie es sich vorstellen, geben oft alles für ihr Tier – und erkennen dabei doch nicht, was es wirklich braucht. Tierliebe ist leider viel zu selten echte Liebe

Neugierig oder aufmerksam? Wer seinen Hund beobachtet, lernt bald, seine Signale besser zu deuten.

zum Tier. Viel öfter vermenschlichen Menschen ihre Hunde, ohne zu wissen, wie sehr sie ihnen damit schaden, wenn sie ihre Signale als menschliche Signale und Bedürfnisse deuten. Wenn ein Hund zum Beispiel ängstlich auf fremde Objekte oder Menschen reagiert, denken viele, dass er als Welpe misshandelt wurde. Sehr viel wahrscheinlicher ist jedoch, dass er in seiner Sozialisierungsphase einfach nicht viel Kontakt zu Menschen hatte und überhaupt eher wenig erlebt hat. Genauso könnte er auch von Natur aus einfach eher empfindlich und unsicher sein. Nicht jeder Hund ist so mutig und neugierig wie die Helden auf vier Pfoten, die man aus der Werbung und dem Fern-

seher kennt. Es nützt ihm also gar nichts, wenn sein Mensch beschwichtigend auf ihn einredet, ihn streichelt oder sogar versucht, »Gefahrensituationen« tunlichst zu vermeiden. Während der Mensch nämlich meint, den Hund zu beschützen, verunsichert er ihn in Wirklichkeit noch mehr, anstatt ihn zu stärken. Dazu müsste er ihm die Sicherheit vermitteln, die er braucht, um die ihn verunsichernde Situation zu bewältigen. Durch seine eigene Ruhe und innere Kraft. Und dadurch, dass er ihn immer wieder gezielt, aber ohne Druck mit ähnlichen Aufgaben konfrontiert. So verhilft man Hunden zu mehr Selbstbewusstsein (siehe auch ab Seite 123).

Von meinem Galgo Troy erwarte ich genauso wie von meinen anderen Hunden, dass er sich an die Regeln hält.

JEDER HUND IST ANDERS

Wer seinen Hund wirklich liebt, respektiert seine Natur und nimmt ihn so, wie er ist. Das bedeutet nicht, dass der Hund machen und tun darf, was er will (genau das ist es ja, was so viele Hundebesitzer an ihrem Vierbeiner stört). Ich meine damit, dass man die Voraussetzung schaffen muss, damit er sich wohlfühlt. Das Wichtigste dafür ist, dass er Teil unserer Familie sein darf. Er braucht uns, um mit uns zu leben. Und er braucht uns als zuverlässige Menschen oder Verantwortliche, die ihm zeigen, wie das Leben in unserer Menschenwelt funktioniert. Egal, wie alt Ihr Vierbei-

ner ist, ob er ein Winzling ist oder ein Koloss, ein Mischling oder ein Rassehund: Er sehnt sich nach innerer Stabilität, nach Sicherheit und Ruhe. Die Sie ihm geben sollen. Damit er sich an Sie binden kann.

> »Die Lösung aller Probleme liegt in uns selbst. Und sie beginnt damit, dass wir die Voraussetzung für Bindung schaffen.«

Ohne diese Bindung kann keine Beziehung entstehen. Erst an zweiter Stelle kommen rassespezifische Bedürfnisse, die es zu stillen gilt. Huskys haben andere Bedürfnisse als Terrier. Meine Doggen zum Beispiel können auch mal vier oder fünf Stunden einfach nur daliegen – und das tun sie oft und gern. Sie wurden ja auch in erster Linie dazu gezüchtet, imposant auszusehen und aufzupassen. Ganz anders mein jüngster Hund Troy, ein Galgo. Diese Rasse stammt von alten asiatischen Windhunden ab und ist deutlich ursprünglicher als andere. Ich sage gern, sie wurde vom Menschen weniger »poliert«.

Ich binde Troy wie alle meine Hunde in mein tägliches Programm ein, etwa beim Spaziergang, beim Joggen oder beim Reiten. Zusätzlich gehe ich aber auch auf seine spezifischen Bedürfnisse ein, indem ich zum Beispiel mit ihm auf eine große Wiese gehe und ihm dadurch die Möglichkeit gebe, das zu tun, wofür er gedacht ist: das Sprinten.

Weil Galgos einen besonders starken Jagdtrieb haben, habe ich ihm aber auch von Anfang an besonders deutlich gemacht, dass er bei mir bleiben muss, wenn ich es sage. Nicht einmal ein Jagdhund folgt einfach seinen tierischen Instinkten. Dann würde er nämlich davonlaufen und wildern. Stattdessen aber erledigt er eine Aufgabe, die »sein« Jäger ihm zuweist. Er benutzt seine Fähigkeiten also nur, weil dieser es ihm erlaubt. Genauso wie Galgos gerne rennen, macht es einem Retriever Spaß, zu schwimmen und Dinge aus dem Wasser zu apportieren oder einem Border Collie Agility zu treiben. Jeder Hund tut in der Regel bis heute gerne das, zu dem er einst gezüchtet wurde.

Aber ich gebe ihm auch den Raum, das zu tun, was seiner Natur entspricht: rennen.

Manche Hunde werden von Wasser magisch angezogen, andere mögen es nicht so. Auch das ist Typsache.

Zu guter Letzt sollte dann auch noch das individuelle Naturell des Hundes berücksichtigt werden. Der eine ist zurückhaltender und will daher keine aufregenden Dinge machen. Der andere spielt nicht so gerne mit Artgenossen, der dritte mag vielleicht gerade diese beiden Dinge besonders gern. Auch unter uns Menschen gibt es geselligere Typen und »Einzelgänger«. Eher schüchterne Zeitgenossen und solche, die offen auf jeden zugehen. Leute, die lieber ins Kino gehen und andere, die das Theater bevorzugen. Respektieren Sie bei gemeinsamen Unternehmungen immer den persönlichen Charakter Ihres Vierbeiners. So wie Sie es auch mit Ihren zweibeinigen Freunden tun.

Der Hund als »Chef«

Respekt vor der Natur des Hundes ist auch bei seiner »Erziehung« das Allerwichtigste. »Das kann er nicht, das ist zu schwer für ihn. Er muss vorangehen, weil er nun mal so neugierig ist.« Wie oft habe ich diesen Satz (oder einen ähnlichen) schon gehört, wenn ich Kunden gefragt habe, ob ihr Hund beim Gassigehen eigentlich entspannt neben ihnen herläuft. Andere lächeln nachsichtig und erklären: »Er ist halt doch ein Jagdhund«, wenn ihr Vierbeiner sich im Park mal wieder selbstständig gemacht hat und dem nächstbesten Eichhörnchen hinterhergerannt ist. Und wenn er am Tisch bettelt, verteidigen sie ihn: »Er ist eben immer hungrig.«

Auch das ist wieder ein sehr menschlicher Blick. Der Hund ist nicht neugierig, wenn er an der Leine zieht. Er ist kein Jagdhund, wenn er abhaut und er ist nicht hungrig, wenn er bettelt. Er hat nur nicht verstanden, dass sein Mensch die Verantwortung hat, dass er sagt, wo es langgeht und wann es etwas zu fressen gibt. Er versteht es nicht, weil der Mensch sich nicht entsprechend verhalten hat. Die Folge davon ist: Der Hund übernimmt die Entscheidung. Er tut das keineswegs bewusst, sondern folgt einer natürlichen Intuition,

---

=== WAS HUNDE BRAUCHEN ===

Damit unsere Vierbeiner sich wohl fühlen, brauchen sie …

- ◆ eine Gruppe, zu der sie gehören. Ein einsamer Hund ist ein verlorener Hund.
- ◆ sichere Menschen, denen sie bedingungslos folgen können, weil sie wissen, dass sie die Verantwortung für sie tragen und immer in ihrem Sinn handeln.
- ◆ Aufgaben, die sie nicht nur körperlich auspowern, sondern vor allem ihren Kopf fordern.
- ◆ genug Zeit zum Ausruhen.
- ◆ Menschen, die sie respektieren und so mit ihnen kommunizieren, dass sie sie auch verstehen.

Im Hunderudel hat jeder seinen Platz. Diese Sicherheit wünscht sich der Vierbeiner auch beim Menschen.

seinen wölfischen Instinkten. Ein Hund fühlt sich nur sicher, wenn es Regeln und Grenzen gibt. Und wenn wir das nicht als unsere Aufgabe sehen und nicht in die Hand nehmen (vielleicht weil wir es schlicht und ergreifend nicht wissen), dann setzt er selbst diese Regeln und Grenzen eben für den Menschen. Um die Balance im Team wiederherzustellen – zumindest aus seiner Sicht.

Wie das Ganze dann aussieht, habe ich ein paar Seiten vorher schon beschrieben: Der Hund zerrt wie verrückt an der Leine, führt sich auf, legt sich mit Artgenossen, Spaziergängern, Joggern oder Radfahrern an (vielleicht sogar mit seinem Menschen) – und macht mehr oder weniger überhaupt nur das, was er will,

nicht das, was wir wollen. Aber ist das nicht logisch, wenn er meint, den Ton angeben zu müssen? Genau deshalb ist es mir so wichtig, dass die Menschen verstehen, woher der Hund kommt und was er ist.

DIE BALANCE WIEDERHERSTELLEN

Zum Glück muss man nicht bei jedem Problem gleich die gesamte Konstellation in der Mensch-Hund-Beziehung infrage stellen. Manchmal hat ein Hund einfach auch mit der Zeit gelernt, dass er in einer bestimmten Situation nur lang genug »Gas geben« muss, bis Herrchen oder Frauchen weich werden und nachgeben. Das ist dann Konditionierung.

Der Vierbeiner beobachtet den Zweibeiner sehr genau, um zu deuten, was der von ihm will und flexibel auf ihn reagieren zu können. Und genau diese Fähigkeit ist es, die Sie nutzen sollten. Schließlich reagieren Hunde nicht nur auf unsere Schwächen, sondern auch auf unsere Stärke. Wenn wir sie auf die richtige Art anleiten, anregen und mit ihnen interagieren, können sie zeigen, was wirklich in ihnen steckt und zu dem werden, was wir uns wünschen: treue Gefährten und echte Freunde.

Wir müssen, damit sie uns verstehen, weder verbal noch physisch grob werden. Wir müssen nur zurückgehen in die natürlichen Instinkte und das Wesen des Hundes erkennen. Dann ist es gar nicht so schwer, mit ihm zu kommunizieren.

»Du musst deinen Hund erkennen, respektieren und lieben. Nur dann kann eine echte Bindung entstehen.«

Menschen und Hunde sind im Laufe der Evolution ein eingespieltes Team geworden. Unsere Vorfahren haben in den vergangenen Jahrtausenden schon so viel in die Beziehung gesteckt. Den größten Teil des Weges sind sie schon für uns gegangen. Wir müssen im Prinzip nur noch den letzten Schritt machen.

Wenn man einem Hund gibt, was er braucht, lernt er ganz beiläufig, was man von ihm will.

HUNDE LERNEN ANDERS

Unsere Vierbeiner sind im Laufe der Evolution auch wahre Meister darin geworden, unsere Körpersignale zu deuten. Wieso machen sich das nicht viel mehr Menschen bei der Hundeerziehung zunutze?

Als ich mit der Arbeit an diesem Buch begann, war mir eines klar: Was ich auf keinen Fall wollte, war ein »klassischer« Erziehungsratgeber. Schließlich ist Erziehung eine sehr persönliche Sache und jeder Hundebesitzer geht anders mit seinem Vierbeiner um. Solange die Mensch-Hund-Beziehung stimmt, respektiere ich jede dieser Arten, egal wie unterschiedlich sie auch sein mögen. Ich erkläre meinen Kunden immer, dass sie ihrem Bauchgefühl folgen sollen, den Hund in ihren Alltag integrieren müssen. Dann erfolgt die Erziehung von allein.

Im Umkehrschluss bedeutet das aber auch: Sie können mit Ihrem Hund üben bis zum Umfallen. Wenn er bei Ihnen nicht die Sicherheit findet, die er braucht, ist er vielleicht bereit, das ein oder andere Kunststück zu lernen und auf Kommando zu zeigen. Ein souveräner Hund, der Ihnen in jeder Situation vertraut und folgt, ist er deshalb noch lange nicht.

Ich bekam einmal einen Anruf von einer Frau, die sich beklagte, dass sie mit ihrem Hund bereits in fünf verschiedenen Hundeschulen war, aber keine hätte etwas gebracht. Das Tier wäre immer noch so unerzo-gen wie zuvor. Ganz ehrlich: Glauben Sie, dass tatsächlich fünf Hundetrainer versagt haben? Sehr viel wahrscheinlicher ist doch, dass die Frau selbst irgendetwas falsch gemacht hat.

Viele Menschen denken, dass ihr Hund nur dann ein guter Hund ist, wenn er ein erfolgreiches Training absolviert hat. Die Erwartungen sind entsprechend hoch und nicht wenige wundern sich, dass ihr Hund das, was er auf dem Hundeplatz gelernt und dort vielleicht auch gut gemacht hat, zu Hause vergessen zu haben scheint. Kein Wunder, dass diese Leute unzufrieden sind, wo sie doch so viel Zeit, Energie (und vielleicht auch Geld) ins Training gesteckt haben. Sie fragen sich, was falsch gelaufen ist.

»Hundeerziehung beginnt immer bei uns selbst. In unserem Kopf, in unserem Herz. In unserem Bauch.«

Der Schlüssel zu erfolgreicher Erziehung heißt Vertrauen. Bindung ist die Basis dafür, dass ein Hund lernen kann.

Der Alltag ist auch Schule

Wenn das Training beziehungsweise die Hundeschule nicht den erhofften Erfolg bringt, liegt das zum einen natürlich daran, dass man Gelerntes immer wieder üben muss, bis es sich verfestigt. Man muss also nach der »Schulstunde« den Stoff auch regelmäßig wiederholen –genau wie beim Vokabellernen. Wie so oft im Leben macht auch hier nur Übung den Meister. Dazu kommt aber noch etwas anderes: Auf dem Übungsplatz fällt es vielen Menschen relativ leicht, ihrem Hund deutlich zu machen, was sie von ihm wollen. Nicht zuletzt, weil ein Hundetrainer sie genau anleitet. Für den Hund bedeutet das, dass er sich gut

(an-)geführt fühlt. Und weil sein Herrchen oder Frauchen gerade alles so gut und sicher in der Hand hat, kann er sich ganz auf das konzentrieren, was sie gerade von ihm wollen.

Im normalen Alltag gelingt es dem Menschen dagegen nicht immer, so ein sicherer »Anführer« zu sein. Sie werden ständig von irgendetwas oder irgendwem abgelenkt, sind gestresst, stehen unter Druck, treffen auf andere »unerzogene« Hunde … Entsprechend vermitteln sie ihrem Vierbeiner deutlich weniger Ruhe und Sicherheit. Und daher hat auch der Hund den Kopf nicht so frei wie in der Hundeschule. Zu guter Letzt fehlt die Zeit, die man in der Hundeschule verbracht hat, oft im Alltag. Der Tag hat eben nur 24 Stunden und neben Beruf sowie privaten Verpflichtungen und Hobbys bleibt dann schlicht und ergreifend kaum mehr Raum für gemeinsame Erlebnisse. Doch gerade die sind maßgebend, damit echte Bindung entstehen kann, die wiederum der Schlüssel für erfolgreiches Trainieren ist. Der beste Beweis dafür sind die wenigen »Arbeitshunde«, die es heute noch gibt. Polizei- oder Blindenhunde zum Beispiel sind keineswegs nur besonders begabt oder eifrig. Sie können sich nur deshalb so gut ihrer Spezialaufgabe widmen, weil sie sich bei ihrem Ausbilder absolut sicher fühlen und sich ihm völlig unterordnen können. Vor der Spezial-Ausbildung steht erst einmal »Bindung herstellen« auf dem »Stundenplan«: Eine stabile Basis ist die Voraussetzung für Leistung. Erst wenn genug Vertrauen da ist, beginnt das eigentliche Üben.

»Bindung ist die Basis für erfolgreiches Training. Und Bindung entsteht nur durch gemeinsamen Alltag.«

Sicher, von reinen Familienhunden erwartet wohl niemand, dass sie derart perfekt »funktionieren«. Trotzdem sind auch bei ihnen Sicherheit und Vertrauen unerlässlich. Nur wenn eine Bindung zu ihrem Menschen besteht, haben sie den Kopf frei, um zu lernen.

Ein sicherer Mensch zu sein heißt nicht, dass man nie miteinander kuscheln oder Unfug machen darf.

Im Alltag gibt es so viele Gelegenheiten, dem Hund zu zeigen, was man von ihm erwartet – und das auch zu üben.

Lernen ist ein Prozess

»Schule« und »normales« Leben strikt voneinander zu trennen, halte ich für Unsinn. Ich bin überzeugt, dass Lernen ein Prozess ist, der nicht isoliert auf dem Hundeplatz oder in einer extra dafür reservierten Trainingsstunde aus dem Alltag herausgelöst werden kann. Wenn man einen Hund mit Respekt behandelt, braucht man kein »Training«. Dann lernt er nämlich ganz nebenbei im gemeinsamen Miteinander, was wir von ihm erwarten. Und diese Art des Lernens entspricht seiner Natur.

Hunde haben sich zwar in den Tausenden von Jahren, in denen sie mit uns Menschen zusammenleben, hervorragend an unseren Lebensstil angepasst. Aber sie sind eben immer noch keine Menschen, sondern Hunde und wollen wie diese leben. Und dazu gehört auch, dass sie lernen wollen, wie es Hunde (oder auch Wölfe) im natürlichen Rudel tun. Dort können die Welpen und Jungtiere rund um die Uhr beobachten, wie die anderen Rudelmitglieder miteinander kommunizieren und zusammenleben. Es gibt keine »Wald-Schulstunde«, wie man sie aus alten Kinderbüchern kennt. Lernen findet in der Natur im alltäglichen Miteinander statt.

GEMEINSAM DEN ALLTAG BEWÄLTIGEN

Für einen Hund gibt es nicht Schöneres, als bei seinem oder seinen Menschen zu sein. Es liegt in seiner Natur, dass er sich eingliedern, Teil der Familie werden will. Und er sieht es als seine Aufgabe an, uns zu folgen. Wenn wir ihm verwehren, seine ihm angestammte Position einzunehmen, ist er unsicher und fühlt sich nicht angenommen. Das verhindert, dass er ausgeglichen und ruhig ist, was wiederum die Voraussetzung für erfolgreiches Lernen ist. Ich selbst »erziehe« meine Hunde ganz intuitiv auf diese Art. Ich weiß, dass ich die Verantwortung für sie habe. Ich betrachte das nicht als etwas Negatives, sondern als das natürliche Verhältnis zwischen Mensch und Hund.

»Ausgeglichenheit ist der Schlüssel für ein erfolgreiches Training.«

Man kann das Ganze gut an Stadthunden beobachten und an solchen, die in einem grünen Vorort oder auf dem Land leben: Mir kommt es vor, dass Stadthunde oft eine bessere Bindung zu ihrem Menschen haben, weil der sie viel öfter »führt«. Das wiederum liegt daran, dass es für den Menschen hier meist einfacher ist, Regeln aufzustellen – auch weil er die Situationen weniger steuern kann und sich deshalb selbst an viel mehr Regeln halten muss. Er muss an der roten Ampel anhalten, stehen bleiben, wenn unvorhergesehen ein Auto heranrast oder schneller gehen, wenn er jemanden überholen will. Bei all dem lernt der Hund, wie er sich draußen zu benehmen hat. So gesehen ist die Stadt der beste Übungsplatz.

Hunde brauchen auch mal Ruhe und das nicht zu knapp. Nur dann können sie selbst ruhig sein.

Dazu kommt, dass der Tag von Stadthunden meist klar strukturiert ist, zum Beispiel durch feste Gassigehzeiten oder Phasen, in denen der Mensch arbeitet und der Hund entsprechend ruhig sein muss. Dadurch stellt sich viel einfacher ein Rhythmus ein, der dem natürlichen ähnelt: jagen, fressen, ausruhen, jagen, fressen, ausruhen, jagen, fressen … All das macht es dem Hund viel leichter, sich anzupassen.

Wenn er dagegen in einem Haus mit Garten lebt, verschleift dieser Rhythmus leicht. Man lässt ihn dann einfach mal kurz raus, damit er sein Geschäft erledigen kann oder sich ein bisschen selbst beschäftigt. Aber ein Hund will nicht immer eingesperrt sein, auch wenn das »Gehege« vielleicht mehrere hundert oder tausend Quadratmeter groß ist. Er will etwas mit seinem Menschen unternehmen. Gibt man ihm dazu keine Gelegenheit, kann keine Bindung entstehen.

Der Hund versteht dann nicht, dass wir die Verantwortung für ihn tragen und muss dementsprechend »selbstständig« werden. Mit allen negativen Folgen für die Beziehung.

AUCH WIR MÜSSEN LERNEN

Was häufig übersehen wird: Auch wir selbst lernen nur im gemeinsamen Alltag, gute Hundehalter zu sein. Ich bin mir durchaus bewusst, dass ich in dieser Hinsicht privilegiert bin, weil ich seit ich mich erinnern kann, einen natürlichen Instinkt habe, mit Hunden umzugehen. Doch jeder von Ihnen kann schaffen, was mir scheinbar in die Wiege gelegt wurde: eine innere Ausstrahlung und Ruhe zu entwickeln, die die Instinkte des Hundes erreichen und helfen, die natürliche Rangordnung (wieder)herzustellen. Im Zusammensein mit Ihrem Vierbeiner können Sie lernen, zu den eigenen Instinkten zurückzufinden, öfter einmal auf Ihr Bauchgefühl als auf Ihren Kopf zu hören und sich so auszudrücken, dass Ihr Hund Sie versteht. Über all das kann man viel lesen. Ausprobieren und immer wieder üben aber lässt es sich nur im realen Leben. Dort werden Sie auch sehr schnell merken, wie gut es sich anfühlt, die Verantwortung zu übernehmen. Sie sehen die positive Veränderung ziemlich bald an der Reaktion Ihres Hundes. Wenn Sie ihm die Sicherheit geben, die er braucht, ist er nämlich bereit, seinerseits zu geben, was Sie sich von ihm wünschen: Treue und tiefe Verbundenheit. Dass er sich dabei auch noch »gut benimmt«, so wie wir es uns vorstellen, ist das Sahnehäubchen obenauf.

DAS PRINZIP: ZEIGEN UND ÜBEN

Es liegt in der Natur des Hundes, dass er sich an uns und unser Leben anpassen will. Allerdings müssen wir ihm dazu zeigen, wie dieses Leben funktioniert. Und damit sind wir beim Thema dieses Buches angelangt: In unserer hochkomplexen modernen Welt müssen unsere Hunde nämlich oftmals Dinge tun, von denen wir selbst zuweilen noch vor wenigen Jahrzehnten nicht den leisesten Hauch einer Ahnung hatten. Autofahren zum Beispiel. Man darf nicht voraussetzen, dass die Tiere solche Dinge von Anfang an und noch dazu von allein fehlerfrei beherrschen. Wir müssen sie ihnen beibringen. Wenn wir ihnen die »Spielregeln« nicht zeigen, besteht die Gefahr, dass sie sich so unwohl fühlen, dass ihr genetisches Programm umschaltet und die Probleme ins Rollen kommen.

> »Wenn man will, dass der Hund etwas Bestimmtes tut, muss man das mit ihm üben und darf nicht erwarten, dass er es gleich allein kann.«

Unter Erziehung versteht man gemeinhin das Einüben von Fähigkeiten, die innerhalb einer Gesellschaft helfen, dass jeder Einzelne die an ihn gestellten Anfor-

Unser modernes Leben ist für Hunde eine Herausforderung. Wir können ihnen helfen, sie zu meistern.

Wo soll es langgehen? Wenn zwei sich uneinig sind, ist es unsere Aufgabe, die Richtung zu zeigen.

derungen bewältigen kann. Das ist bei Hunden nicht anders als bei uns. Auch sie müssen lernen – erst von ihrer Mutter und den Geschwistern, später vom Menschen. Ansonsten ist ein geregelter Alltag schwer möglich, genau wie ein Mensch scheitern muss, wenn er keinerlei soziale Fähigkeiten erlernt oder keine gesellschaftlichen Regeln beherzigt.

Ich gebe zu, dass es mir mit dem Wort »Erziehung« lange Zeit ein bisschen so ging wie vielen anderen Leuten mit dem »Führen« und »Unterwerfen«. Bis ich mir irgendwann die Frage stellte, warum ich nicht einfach auch für diesen Begriff nach einem anderen Ausdruck suchte. So wie ich lieber »Verantwortung übernehmen« sage, statt »Anführer sein«. Also beschloss ich, das Wörtchen »Erziehung« für mich persönlich durch »Zeigen« und »Lernen« zu ersetzen. Das größte Problem in Sachen Erziehung ist jedoch – und das ist auch der Grund, warum viele Hundebesitzer nicht weiterkommen –, dass wir mit dem Hund kommunizieren, als wäre er bereits konditioniert. Damit der Hund tut, was wir wollen, muss er erst einmal wissen, was wir überhaupt von ihm erwarten. Wir müssen ihm daher verständlich machen, was er machen soll – und das auf eine Art und Weise, die er auch verstehen kann (siehe Seite 34 und 35).

Der nächste Schritt ist dann, diese bestimmten Verhaltensmuster einzuüben, den Hund also darauf zu konditionieren, dass er auf ein bestimmtes Signal hin etwas Bestimmtes macht. Etwas das für ihn erst einmal nicht unbedingt logisch ist, sondern das wir uns ausgedacht haben. Deshalb muss er sie ja auch üben. Und das dauert meistens einfach ein bisschen.

SICH ZEIT NEHMEN

Natürlich ist es bei schwerwiegenden Problemen mit dem Hund ratsam, die Hilfe eines erfahrenen Fachmanns zu suchen. Aber ganz oft können Sie als Hundebesitzer auch selbst etwas an einer Situation oder an derjenigen Verhaltensweise des Hundes ändern, die Sie stört. Dadurch kommen Sie der Beziehung, die Sie sich wünschen, Schritt für Schritt näher. Wenn sich über Wochen, Monate, vielleicht sogar Jahre Unarten eingeschlichen haben, darf man natürlich nicht erwarten, dass sich von heute auf morgen alles ändert. Man muss auch Zeit für die Veränderung einplanen. Hoffen Sie nicht auf eine bessere Zukunft, sondern genießen Sie diese Zeit. Der Weg ist das Ziel. Wenn man seinem Hund näherkommen will, muss man wie er im Hier und Jetzt und für den Moment leben. Dann wird man immer mehr Augenblicke wahrnehmen, in denen man sich einander auf Augenhöhe begegnet und (zumindest schon für einen Moment) ein echtes Team ist.

Das Wichtigste dafür ist, dass Sie bei sich selbst anfangen. Dass Sie ein ruhiger und sicherer Mensch werden und lernen, wie Sie Ihrem Vierbeiner auf seine Art verständlich machen, was Sie von ihm erwarten. Die Voraussetzung dafür ist, dass Sie sich sicher fühlen und keine Angst haben.

Sie werden sehen, dass Sie von Tag zu Tag souveräner werden. Das liegt auch daran, dass immer seltener Konfliktsituationen auftreten werden, weil Ihr Hund sich bei Ihnen immer öfter einfach entspannen kann. Weil Sie immer mehr die Rolle des Verantwortlichen übernehmen und alles unter Kontrolle haben. Wenn Sie den natürlichen Instinkten folgen – Ihren eigenen und denen Ihres Hundes –, geschieht Erziehung ganz nebenbei. Und macht beiden Spaß.

TIERISCHE UNTERSTÜTZUNG

Wenn ich bei einem Kunden bin, habe ich manchmal einen meiner eigenen Hunde dabei. Durch ihn und sein Verhalten nehmen andere Hunde wahr, welche Verbindung wir zueinander haben und dass auch sie mir vertrauen können. Gleichzeitig sehen meine Kunden, was sie erreichen können, wenn ihre Hunde Ruhe und Sicherheit spüren. Welche Art von Beziehung möglich wäre. Auch für sie. Und sie verstehen, dass Hunde nur etwas lernen können, wenn sie sich sicher und ausgeglichen fühlen. Der Hund, mit dem ich momentan am meisten arbeite, ist Oscar. Er hat eine extrem sensible und ruhige Natur, die gut zu mir passt. Mit und an Oscar zeige ich Ihnen auch in diesem Buch, worauf es ankommt, wenn Sie bestimmte Situationen üben wollen, oder was Sie in kritischen Situationen tun können, um die Lage zu »entschärfen«. Ein Bild sagt schließlich oft mehr als tausend Worte.

HUNDGERECHT KOMMUNIZIEREN

*Wenn Hunde nicht tun, was wir wollen, steckt häufig eine »Sprachbarriere« dahinter.
Um sich verständlich zu machen, muss man eben erst einmal wissen, wie Hunde untereinander
kommunizieren. Nur wenn man ihre »Sprache« spricht, vermeidet man Missverständnisse.*

Der größte Fehler, den wir begehen können, ist, mit Hunde so zu kommunizieren als wären sie Menschen. Nicht nur, dass sie den Sinn unserer Worte nicht verstehen. Auch wie wir uns verhalten, kommt oft ganz anders an als gedacht – ähnlich wie zum Beispiel bestimmte Gesten oder Handzeichen nicht überall auf der Welt dasselbe bedeuten. Während wir zum Beispiel hierzulande mit dem Kopf nicken, um etwas zu bejahen, bedeutet dieselbe Geste in manchen asiatischen Ländern genau das Gegenteil: Nein. Kein Wunder, dass es da auch mal zu Problemen kommt.

Mit Hunden ist es ganz ähnlich. Unsere Vierbeiner interpretieren unsere Stimmlage, unsere Körpersprache, unsere Ausstrahlung und unsere Berührungen nicht genauso wie wir, sondern auf dieselbe Art, wie sie es unter Ihresgleichen tun würden. Weil sie es nur so kennen.

Bei uns selbst sieht es übrigens nicht viel anders aus. Die Menschen missverstehen die »Äußerungen« eines Hundes häufig, weil sie nicht alle seine Signale wahrnehmen beziehungsweise die, die sie sehen, falsch deuten. Sie achten vielleicht darauf, dass er bellt, aber nicht auf seine Körperhaltung.

Kleine Berührungen verstehen Hunde oft besser als große Worte. Das erleichtert die Kommunikation.

Sie meinen seinen ängstlichen Blick wahrzunehmen, sehen dabei aber nicht, dass der Hund insgesamt angespannt ist. Sie freuen sich, dass ihr Hund so fröhlich mit dem Schwanz wedelt und erkennen dabei nicht, wie erregt er ist ... Von all den vielen Dingen, die wir nicht riechen und hören können, einmal ganz abgesehen.

AUSSTRAHLUNG UND KÖRPERSPRACHE

Der Großteil der »Unterhaltung« zwischen Mensch und Hund verläuft übrigens von uns völlig unbemerkt. Ununterbrochen senden wir den ganzen Tag über Signale an den Vierbeiner. Und der ist aufgrund seiner unglaublichen Fähigkeiten in der Lage, unsere Emotionen und Stimmungen genauestens wahrzunehmen.

Wenn wir im Beisein Ihres Hundes die meiste Zeit nervös und fahrig sind, ängstlich oder laut, verunsichert ihn das. Natürlich können wir nicht einfach auf einen Knopf drücken, um unsere Gefühle abzuschalten. Wir sind Menschen. Aber das müssen wir auch gar nicht. Jeder Hundebesitzer sollte jedoch versuchen, dem Hund möglichst ruhig und sicher gegenüberzutreten. Denn diese Ruhe und Sicherheit lässt auch ihn ruhig und sicher werden. Er fühlt sich dann wohl bei seinem Menschen. Und ausgeglichene Hunde machen nicht nur weniger Probleme. Sie lernen auch leichter.

Die innere Haltung ist in meinen Augen das wichtigste Kommunikationsmittel. Man kann sie zusätzlich noch unterstreichen, indem man auf eine ent-

Während wir die Welt hauptsächlich über die Augen wahrnehmen, nutzt der Hund dazu seine Nase.

sprechende Körpersprache achtet. Sich vor den Hund stellen, Raum einnehmen, mit der Hand ein »Stoppschild« zeigen: All das sind Zeichen, die ein Hund viel leichter versteht als »Lass das!«, »Hör auf!« oder »Zurück!« Wenn Hunde unter sich sind, verständigen sie sich schließlich ebenfalls zu einem großen Teil durch Körpersprache. Weil sie dabei ständig auch in Körperkontakt sind, verstehen sie Berührungen ebenfalls sehr schnell. Eine Hand auf dem Rücken gibt ihnen Sicherheit. Durch sanftes Anstupsen erkennt er sehr schnell, wo seine Grenze ist. Genauso kann aber fahriges Streicheln ihn auch schnell aufregen.

Wenn Sie artgerecht mit Ihrem Vierbeiner kommunizieren wollen, müssen Sie daher wissen, wie Hunde ticken und ihre Sinnesleistung und Instinkte nutzen. Nur dann »sprechen« Sie eine Sprache, die Ihr Tier auch versteht. Und befolgen kann.

DIE BASISERZIEHUNG

Es gibt viele Dinge, die ein Hund lernen kann. Aber nur eine Handvoll
davon ist für den gemeinsamen Alltag wirklich unverzichtbar.

WAS HUNDE KÖNNEN SOLLTEN

Gute Erziehung mag für jeden etwas anderes sein. Die Voraussetzung dafür, dass sich ein Hund so verhält, wie man es möchte, ist aber immer dieselbe: ein ruhiger, sicherer Mensch, der ihm die Regeln vorgibt.

Hunde haben sich über Jahrtausende dem Menschen immer mehr angepasst. Doch gerade in den letzten Jahrzehnten hat sich unsere Welt extrem schnell verändert. Wenn wir ehrlich sind, konnten wir der modernen Entwicklung oft kaum selbst folgen. Denken Sie doch nur einmal daran, wie sehr allein das Internet unsere Welt und unseren Alltag beeinflusst hat. Unseren Vierbeinern geht es nicht viel anders: Den Großteil der gemeinsamen Geschichte begleitete der Hund den Menschen bei der Jagd. Als unsere Ahnen sesshaft wurden, solllte er dann Haus, Hof und Vieh bewachen. Später wurden seine Aufgaben noch weiter spezialisiert: die einen sollten schwere Karren ziehen, die anderen Ratten vertreiben oder riesige Herden von Schafen zusammenhalten. Jeder Hund hatte irgendeine Aufgabe. Jeder wusste, was er zu tun hatte. Sicher, auch heute gibt es noch »echte« Arbeitshunde: sie spüren Lawinenopfer auf, suchen Drogen, begleiten Blinde … Die meisten sollen uns jedoch nur noch als vierbeinige Kumpel zur Seite stehen.

Damit sich Ihr Hund dabei wohl in seiner Haut fühlt, damit es ihm gut geht – und somit auch Ihnen –, müssen Sie ihm jeden Tag, jede Stunde, jeden Moment das Gefühl geben, dass er bei Ihnen so leben kann, wie es seiner Natur entspricht. Und das heißt nicht, dass er möglichst frei und wild sein, sondern dass er sich bei Ihnen wie ein richtiges »Rudelmitglied« fühlen kann. (Ich weiß, wenn man es ganz genau nimmt, können Mensch und Hund kein Rudel bilden. Nennen Sie es daher meinetwegen ruhig auch Gruppe, Team oder Familie.) Wie Sie es auch nennen: Tatsache ist, dass sich ein Hund nur dann wohlfühlt, wenn Sie die Verantwortung tragen, für Ruhe und Sicherheit sorgen und ihm eine Aufgabe geben. Damit meine ich nicht, dass Sie jede freie Minute auf dem

> »Für Hunde ist es die natürlichste Aufgabe der Welt, uns zu folgen, wenn wir zeigen, dass wir für sie sorgen.«

Schon aus Respekt gegenüber den Mitmenschen sollte man Hunden beibringen, gut an der Leine zu gehen.

Hundeplatz üben oder gemeinsam speziellen Hundesport treiben müssen. Eine viel artgerechtere Aufgabe für Ihren Hund ist es, wenn er Ihnen einfach folgen kann. Es ist Arbeit für seinen Kopf, wenn er den Alltag mit Ihnen verbringt und versucht, das, was Sie von ihm erwarten, bestmöglich zu erfüllen.

Individuelle Ziele

Würde man eine Umfrage starten, was ein Hund alles können sollte, erhielte man wahrscheinlich fast so viele Vorschläge, wie es Hunderassen gibt. Die einen wünschen sich, dass ihr Vierbeiner ihnen nie von der Seite weicht oder jeden ihrer Gedanken »lesen« kann. Während die einen Menschen sich nach einem treuen »Seelenverwandten« sehnen, wollen andere, dass ihr Vierbeiner beim Fußballschauen mit der Pfote abklatscht, wenn der Lieblingsverein ein Tor schießt, sich auf Kommando auf dem Boden herumrollt oder möglichst viele Dinge beim Namen kennt und auf Aufforderung herbeibringt. Und dann sind da neben diesen Kunststücken natürlich noch die »Klassiker« wie Sitz, Platz oder Komm.

Worauf ich hinauswill: Erziehung ist eine sehr individuelle Sache. Was für den einen »gut erzogen« bedeutet, heißt für den anderen nicht gleich dasselbe. Ich persönlich erziehe meine Hunde mit Respekt gegenüber anderen Menschen. Wenn ich zum Beispiel mit einer meiner Doggen in ein Café gehe, möchte ich niemanden belästigen. Die Tipps, die ich meinen Kunden gebe und in diesem Buch für Sie gesammelt

Sicher allein liegen zu bleiben, gilt für viele als »Königsdisziplin«. Für Hunde ist es ein Zeichen tiefsten Vertrauens.

habe, sind deshalb diejenigen, die ich mit meinen Hunden im Alltag benutze. Und wenn Sie mich fragen: Ich finde, dass es gerade einmal eine Handvoll Dinge gibt, die tatsächlich jeder Hund können sollte:

◆ Den eigenen Platz kennen und Grenzen akzeptieren: Warum der für den Hund das Wichtigste überhaupt ist, erfahren Sie ab Seite 45.

◆ Diszipliniert Gassigehen: Zugegeben, das ist im wahrsten Sinn des Wortes doppeldeutig. Denn damit der Hund gut neben Ihnen herläuft, nicht an der Leine zieht, kläfft oder andere Faxen macht, müssen Sie selbst diszipliniert bei der Sache sein und den Spaziergang strukturieren (siehe ab Seite 53).

◆ Auf Zuruf kommen: Es muss natürlich kein Ruf sein, genauso ist ein anderes Signal möglich, beispielsweise ein Pfiff, ein Händeklatschen oder ein Winken. Wichtig ist nur, dass sich der Hund aus jeder Situation abrufen lässt und zu Ihnen zurückkommt (siehe ab Seite 71).

◆ Stehen bleiben, sich setzen und hinlegen: Alle drei sind wichtige Signale, die dem Hund helfen, schneller zur Ruhe zu finden und in bestimmten Fällen auch Sicherheit und Schutz vermitteln, etwa wenn ein aggressiver Artgenosse ihn unterwegs angreifen will oder er selbst so verunsichert ist, dass er sich »danebenbenimmt« (siehe auch ab Seite 75).

Das meiste von diesen Dingen macht der Hund mehr oder weniger automatisch, wenn die Beziehung zu seinem Menschen stimmt, wenn dieser sich also seiner Verantwortung bewusst wird und so mit ihm umgeht, wie es seiner Natur entspricht. Das fasziniert mich jeden Tag aufs Neue. Unsere Verbindung zu Hunden ist so instinktiv. Wir können gemeinsam so unendlich viel erreichen. Denn Hunde sind Meister darin, uns zu verstehen. Allerdings dürfen wir nicht vergessen, sie als das zu erkennen, was sie sind. Sie so zu respektieren und zu lieben.

Ums regelmäßige Üben kommen Sie damit aber trotzdem nicht herum. Schließlich hinterlässt das Lernen nur durch ständiges Wiederholen Spuren im Gehirn. Routine ist alles. Das ist bei Ihrem Hund nicht anders als bei Ihnen selbst.

Es ist immer möglich, etwas zu ändern

Das Tolle an Hunden ist, dass sie nicht nachtragend sind. Selbst wenn in einem schon bestehenden Team die natürliche Beziehung verloren gegangen ist, weil

»Hunde leben im Hier und Jetzt. Sie können jeden Tag noch einmal von vorn anfangen.«

der Mensch es versäumt hat, die Bedürfnisse des Vierbeiners zu erfüllen und sich bei diesem deshalb die ein oder andere Unart eingeschlichen hat, lässt sich die Harmonie zuverlässig wiederherstellen. Alles was Sie dazu tun müssen, ist, sich bewusst zu werden, wie Hunde ticken. Ihre Natur zu erkennen und zu respektieren. Und das eigene Verhalten zu verändern. In dem Moment, in dem es Ihnen gelingt, dass der Hund sich bei Ihnen sicher fühlt, findet er die Ruhe und Stabilität wieder, die nötig ist, damit er die für ihn vorgesehene Position in der Gruppe einnehmen kann. Er möchte ja im Grunde nichts lieber tun, als bei Ihnen zu sein und zu Ihrer Familie zu gehören. Dazu aber braucht er Ihre Hilfe. Er braucht Sie als verantwortungsbewussten Menschen, der ihm Entscheidungen abnimmt und signalisiert, dass er alles im Griff hat und er sich keinen Kopf machen muss.

Wenn Sie das schaffen, gehören die Unarten Ihres Hundes bald der Vergangenheit an. Er denkt dann nicht mehr daran, wie es früher war, sondern genießt einfach, wie es jetzt ist. Sie haben es also selbst in der Hand, das Tier zu bekommen, das Sie sich wünschen.

SPEZIALFALL WELPE?

Besonders nachsichtig sind wir in der Regel, wenn ein Welpe neu ins Haus kommt. Weil er so süß ist, sehen wir ihm vieles nach und nehmen es mit der Erziehung zunächst nicht so ernst. Doch dadurch schieben wir die Aufgabe immer mehr vor uns her und machen es uns nur schwerer. Denn der Hund versteht, wenn wir irgendwann doch anfangen, ihn zu erziehen, erst ein mal nicht, warum er plötzlich nicht mehr tun sollte, was er doch tage-, vielleicht sogar wochen- oder monatelang getan hat. Egal, ob er im Bett liegen durfte, weil wir in den ersten Nächten Mitleid mit dem wimmernden Ding hatten, ob wir ihn beim Füttern an uns hochspringen ließen (»Schau doch nur, wie der sich freut!«) oder ob er uns beim Spielen in die Hand kneifen durfte: Irgendwann ist der Punkt erreicht, an dem er so groß ist, dass er im Bett stört, so wild, dass er die Strumpfhose zerreißt oder so stark, dass es richtig wehtut, wenn er zubeißt.

Auch ich freue mich total, wenn ich einen Welpen bekomme und bin nicht immer konsequent. Trotzdem lege ich von Anfang an viel Wert auf seine Erziehung. Erziehung wie ich sie verstehe, mit ganz viel Liebe. Es ist sowohl für den Hund als für seinen Menschen viel einfacher, wenn sie von Anfang an bestimmte Regeln beachten. Viele frischgebackenen Hundehalter befürchten jedoch, dass ihr Hund noch zu klein dafür ist. Aber ein Welpe mit 12, 13 Wochen ist kein Baby mehr. Er kann allein fressen und pinkeln. Er hat bereits die erste Sozialisierungsphase hinter sich. Was er jetzt braucht, ist Menschenliebe, eine Familie, zu der er gehört, und Erziehung. Und dafür sind wir verantwortlich. Wir müssen ihm schon jetzt zeigen, wie er sich als erwachsener Hund einmal verhalten soll. Ganz ähnlich verhält es sich übrigens auch, wenn man einen Hund aus dem Tierheim zu sich nimmt. Oft spuken in den Köpfen dann die Gedanken herum, was der Arme wohl schon alles erleiden musste. Statt dem Tier von Anfang an klare Strukturen und Sicherheit zu bieten, die ihm helfen, sich zu orientieren und

So niedlich! Aber auch Welpen brauchen Regeln.

schnell in seine Rolle in der neuen Gruppe zu finden, zeigen wir Mitleid. Und wir sind schnell einmal eher nachlässig als konsequent. Dabei tun wir dem Hund damit keinen Gefallen. Wir verunsichern ihn damit, weil er das Gefühl, das wir Mitleid nennen, als Schwäche deutet (Mitleid hat also absolut nichts mit Liebe zu tun). Er fühlt sich dann nicht aufgehoben und behütet. Was das bedeutet, wissen Sie mittlerweile wohl schon: Er versucht selbst diejenige Position im Team einzunehmen, die für Sicherheit sorgt – und benimmt sich in unseren Augen voll daneben. Im schlimmsten Fall landet er dann einige Monate später wieder dort, wo er herkam: im Tierheim.

HIER IST DEIN PLATZ

Hunde können nur lernen, wenn sie ausgeglichen sind. Und ausgeglichen sind sie nur, wenn sie sich auch einmal zurückziehen und ausruhen können. Daher sollte man ihnen früh zeigen, wo dieser Ruheplatz ist.

Die allermeisten Menschen würden auf die Frage, was Hunde wohl den ganzen Tag über am liebsten machen würden, wenn man sie ließe, wahrscheinlich antworten: »Im Freien herumsausen und toben.« Wenn man ein wild lebendes Hunderudel beobachtet, stellt man jedoch ziemlich schnell fest, dass die Tiere den Großteil des Tages damit verbringen, genau das Gegenteil davon zu tun: nichts. Ein erwachsener Hund verschläft im Durchschnitt 16 bis 20 Stunden. Welpen kommen je nach Alter sogar auf bis zu 22 Stunden. Wenn sich ein Hund nicht genug ausruhen kann, wird er relativ schnell unausgeglichen, nervös, überdreht und gestresst. Das wiederum schlägt sich natürlich bald auch auf den »Familienfrieden« nieder. Mehr noch: Wenn der Hund keine Gelegenheit hat, seine Erregung abzubauen, kann das auch in eine gestresste Haltung umschlagen. Das ist vor allem dann der Fall, wenn das Tier ohnehin schon verunsichert ist, zum Beispiel weil sein Mensch ihm im Alltag nicht genug Sicherheit vermittelt. Dadurch wird das Verhältnis zwischen Zwei- und Vierbeiner immer problematischer und man hat immer größere Schwierigkeiten,

weil der Hund nicht das tut, was man von ihm erwartet. Das Ganze schaukelt sich dann leicht mehr und mehr auf. Bis die Situation irgendwann eskaliert. Man kann die Wahrscheinlichkeit, dass dieser Fall eintritt, allein schon dadurch deutlich minimieren, indem man dem Hund genug Auszeiten ermöglicht. Und dies lässt sich umso leichter realisieren, wenn es einen festen Platz gibt, der genau für diesen Zweck vorgesehen ist. Wie dieser Platz aussieht, kann jeder Hundehalter für sich entscheiden. Es gibt viele Möglichkeiten. Was den einen stört, findet der andere ganz normal. Manche haben nicht einmal etwas dagegen, wenn der Hund auf einer Ecke des Sofas oder im Bett

»Wenn Ihr Hund weiß, wo sein Platz ist, tut er sich viel leichter damit, auch einmal allein zu Hause zu bleiben.«

Herrlich, so ein Platz nur für sich. Hier kann der Hund Ruhe finden und Kraft für den Alltag schöpfen.

liegt. Das kann auch jeder machen, wie er will. Aber egal, für welche Lösung Sie sich entscheiden: Wichtig ist, dass der Hund weiß, dass er sich an diesen Platz zurückziehen kann, wenn er unsicher, gestresst oder müde ist. Das wiederum bedeutet auch, dass alle Familienmitglieder (inklusive der Kinder) respektieren, dass dieser Platz für ihn ein Rückzugsort ist und er keine Aufregung will, wenn er sich dort hinlegt, auch nicht durch eine Aufforderung zum Spielen oder Streicheln. Legt sich der Hund auf seinen Platz, heißt das, dass er seine Ruhe haben will – genauso wie Sie ihn irgendwann dorthin schicken können, wenn Sie Ihre Ruhe brauchen.

Lernen, wo man hingehört

Vielleicht fragen Sie sich jetzt, warum ich Ihnen hier etwas vom Ruhebedürfnis Ihres Hundes erzähle, obwohl es in diesem Kapitel doch um die Basiserziehung gehen soll. Die Sache ist ganz einfach: Ich finde, dass es der erste Schritt in Richtung harmonisches Mensch-Hund-Team ist, wenn der Hund weiß, wo sein Platz ist.

Nur wenn er weiß, wohin er sich zurückziehen kann, um nicht gestört zu werden und sich ausruhen zu können, hat er die Möglichkeit zu entspannen. Und genau dieser Zustand ist die Voraussetzung dafür, dass er überhaupt lernen kann. Ohne innere Ruhe ist er viel zu aufgeregt dazu. Daher ist das Erste, was Sie Ihrem Hund beibringen sollten, den ihm zugedachten Ruheplatz anzunehmen. Und das geht so:

1. SCHRITT: DEN PLATZ EINFÜHREN

Am einfachsten ist es natürlich, dem Hund schon am ersten Tag zu zeigen, wo sein Platz ist. Wenn ich einen neuen Hund bekomme, bereite ich deshalb alles vor, bevor ich ihn das erste Mal mit ins Haus nehme. Ich lege ein Kissen auf den Boden, stelle einen Napf frisches Wasser in unmittelbare Nähe und gebe noch ein Spielzeug zum Darauf-herum-Kauen dazu. Junge Hunde zum Beispiel müssen kauen. Sie entdecken damit einen Teil ihrer Umwelt. Während des Zahnwechsels ist ihr Zahnfleisch leicht entzündet und juckt. Kauen macht den Schmerz erträglicher und unterstützt zudem den Durchbruch der neuen Zähne. Aber auch besonders unruhigen Tieren tut es gut, wenn sie an irgendwas knabbern können. Denn das Kauen wirkt beruhigend, unter anderem weil die Bewegung der Kiefermuskulatur Anspannung löst. Wenn der Hund dann kommt, lasse ich ihn erst einmal ein wenig herumschnüffeln und sein neues Zuhause erforschen. Allerdings zeige ich ihm nicht gleich das ganze Haus, das wäre zu viel Stress für ihn. Am Anfang reicht das Wohnzimmer. Die anderen Räume kommen dann Schritt für Schritt dazu. Wenn er sich ein wenig umgesehen hat, lege ich mich mit ihm zusammen auf oder neben das Kissen und kuschele mit ihm. Nicht wild, schließlich soll er

Kauen ist ein natürliches »Beruhigungsmittel« und daher auch beim An-den-Platz-Gewöhnen hilfreich.

DEN HUND AN SEINEN PLATZ GEWÖHNEN UND GRENZEN SETZEN

Ruhe und Sicherheit schenken

Ein Hund sollte von Anfang an erkennen können, dass sein Platz ein Ort ist, an dem er sich uneingeschränkt wohlfühlen kann und wo er Ruhe und Sicherheit findet. Setzen Sie sich in den ersten Tagen immer wieder zu ihm, streicheln Sie ihn und kuscheln Sie. Diese Nähe fördert die Bindung. Außerdem wird Ihr Hund die positiven Gefühle später immer wieder abrufen, wenn er hier liegt.

Auf den Platz bringen

Wenn Ihr Hund sich irgendwo aufhält, wo er Ihrer Meinung nach nicht sein sollte, bringen Sie ihn ruhig und ohne ihn zu schimpfen auf seinen Platz. Kombinieren Sie dazu ein Handzeichen oder irgendein anderes bestimmtes Signal. Warten Sie so lange bei ihm, bis er sich hingelegt hat und ruhig ist. Dann kehren Sie unaufgeregt dorthin zurück, wo Sie vorher waren. Will der Hund Ihnen folgen, warten Sie erneut bei ihm ab – bis es klappt.

merken, dass dies ein Platz der Ruhe ist. Wenn er mich also anstupst, anknabbert oder auf andere Art zum Spielen auffordert, reagiere ich einfach nicht und warte stattdessen ab, bis er sich entspannt zu mir legt. Erst dann streichele ich ihn und genieße die Nähe – und freue mich, weil ich spüre, wie auch er total ruhig wird und ebenfalls genießt. Dieses gemeinsame Gefühl bindet uns enorm aneinander. Der Hund spürt dadurch, dass er mir vertrauen kann, weil ich für Ruhe und Geborgenheit sorge. Und ich merke, dass

er sich bei mir sicher fühlt. Das macht mich glücklich und bestätigt mir jedes Mal aufs Neue, dass ich auf dem richtigen Weg bin.

2. SCHRITT: GRENZEN SETZEN

Wenn ein Hund sich in der Nähe seines Menschen so wohlfühlt wie beim ersten Kuscheln auf seinem Platz, ist es nicht verwunderlich, dass er ihm am liebsten überallhin folgen will, damit er immerzu in seiner

Auszeit nehmen

Hat der Hund verstanden, wo sein Platz ist und was er dort findet, nämlich Ruhe und Sicherheit, wird er sich immer öfter von allein dorthin zurückziehen, wenn er eine Auszeit braucht. Sie können ihn dann auch in Konfliktsituationen auf den Platz schicken, damit er »runterkommt«. So weiß er besser, was Sie von ihm wollen.

Nähe ist. Er will nicht nur auf seinem Kissen mit ihm zusammen sein und gestreichelt werden, sondern auch auf dem Sofa, im Bett oder wenn Frauchen oder Herrchen am Tisch sitzen und eigentlich essen wollen. Gerade bei Welpen, die instinktiv immer bei uns sein wollen, fällt es schwer, das immer wieder zu unterbinden. Sie wecken einfach den Beschützerinstinkt in uns und daher lassen wir uns von ihnen auch so leicht um den Finger wickeln. Allerdings tut es den Tieren gar nicht gut, wenn man immer nachgeben würde.

Auch ein erwachsener Hund, der neu zu Ihnen ins Haus kommt, braucht diese Sicherheit. Deswegen ist es sehr wichtig, dem Tier mit viel Geduld zu zeigen, dass und wo er einen Platz hat, um sich auszuruhen. Es geht nicht darum, den Hund immer wieder auf seinen Platz zurückzuschicken. Es geht darum, dass wir (!) entscheiden, wo der Hund ist oder nicht und nicht er. Wenn Sie zum Beispiel gerade essen, und Ihr Hund kommt dazu, schicken Sie ihn zwar auf seinen Platz. Das Wichtigste dabei ist aber nicht, dass er auch tatsächlich dorthin geht. Sondern dass er versteht, dass Sie nicht wollen, dass er am Tisch ist – im Grunde ein einfaches Territorialverhalten, das er schon von seiner Mutter kennt. Der Hundeplatz ist ein Angebot an den Vierbeiner, damit es ihm leichter fällt, das zu akzeptieren. Ganz nach dem Motto: Hier darfst du nicht sein, dort hast du es besser.

Damit die Sache funktioniert, müssen Sie jedoch selbst davon überzeugt sein, dass der Platz, den Sie für Ihren Hund ausgewählt haben, tatsächlich der Beste für ihn ist – egal, ob es nun eine Decke, eine Matratze, ein Körbchen, das Sofa oder das eigene Bett ist. Dort ist sein Platz! Und das kann er nur wissen, wenn Sie es ihm immer wieder zeigen, sobald er es sich irgendwo gemütlich macht, wo Sie es nicht möchten. Sie müssen immer wieder Grenzen ziehen, ihn zu seinem Platz zurückbringen und ihm helfen, dort zu entspannen – indem sie sich wieder dazusetzen oder -legen und abwarten, bis er ganz ruhig ist.

Schon Welpen können übrigens instinktiv unsere Körpersprache verstehen, etwa wenn wir auf etwas zeigen oder sie, ohne sie dabei zu berühren, mit der

In jedem Haus gibt es mehrere imaginäre Grenzen.
Hunde sind schlau genug, das zu begreifen.

Hand irgendwohin führen oder weglenken. Wenn wir sie mit einem Handsignal stoppen. Darauf können Sie aufbauen – mit Geduld, Sicherheit und Ruhe.

Ich zum Beispiel mag es nicht, wenn sich meine Hunde zum Ausruhen auf der Terrasse direkt vor den Hauseingang legen. Dort stören sie und es ist einfach zu wenig Platz für alle. Deshalb habe ich ihnen beigebracht, dass ihr Platz vor der Terrasse ist und sie die Terrasse selbst nur dann betreten dürfen, wenn ich sie ausdrücklich dazu einlade. Jeden einzelnen meiner Vierbeiner habe ich, als sie jung waren, immer wieder vor die Terrasse gebracht und dort beruhigt. Bis sie gelernt haben, dass hier kein Platz zum Ausruhen ist, sondern mein Eingang. Wenn ich heute einen von ihnen auffordere, zu mir zu kommen, bleiben die anderen ruhig liegen. Besucher sind immer wieder erstaunt und fragen, wie ich es schaffe, dass nicht alle gleichzeitig aufspringen. Manche vermuten sogar, dass ich irgendeinen geheimen Code benutze. Dabei ist es doch so einfach: Die Hunde vertrauen mir. Sie wissen, wo sie sich selbst am besten entspannen können – und verstehen, was ich meine.

ZUSÄTZLICH: KOMMANDO ERGÄNZEN

Genau genommen ist der dritte Schritt ein Teil des zweiten: Wenn Sie wollen, können Sie nämlich jedes Mal, wenn Sie den Hund auf seinen Platz (zurück-) bringen, mit einem Kommando verbinden. Mit Kommando meine ich einfach irgendein Signal, mit dem Sie sich als Mensch ganz persönlich identifizieren können. So ein Kommando kann zum Beispiel ein deutliches Zeichen in Richtung des Platzes sein, etwa indem man mit dem Zeigefinger drauf deutet. Oder mit dem Kopf. Oder man sagt etwas wie: »Geh auf deinen Platz!« oder »Auf den Platz!«. Irgendwann dann wird dieses Signal ausreichen, um den Hund auf den Platz zu schicken. Das Wichtigste aber ist: Sie müssen es wirklich so meinen. Vielleicht fragt Sie dann auch ein Besucher, welchen »geheimen Code« Sie Ihrem Hund gerade übermittelt haben, dass er sich so leise davontrollt.

WENN DER HUND ALLES RICHTIG MACHT

Geht er Hund von sich aus auf seinen Platz, müssen Sie ihn dafür nicht extra loben. Freuen Sie sich einfach für sich, dass er scheinbar schon erkannt hat, dass er sich dort am besten ausruhen kann. Würden Sie ihn ansprechen oder streicheln, besteht die Gefahr, dass Sie ihn aufregen und damit genau das Gegenteil dessen erreichen, was Sie ihm beibringen wollen (siehe Seite 154 und 155). Dass Sie ihn nicht korrigieren, ist für den Hund Lob genug. Er weiß dann instinktiv, dass er alles richtig macht. Freuen Sie sich innerlich, das regt den Hund nicht auf.

Was Hündchen nicht lernt, kann auch Hund noch lernen

Was bei einem jungen Hund funktioniert, klappt auch bei einem älteren. Wenn Ihr Vierbeiner also bisher keinen festen Platz hatte, sollten Sie ihm einfach von

nun an einen solchen zuweisen. Es dauert vielleicht etwas länger, bis er versteht, dass er ab heute nicht mehr überall liegen darf, wo er es gerade für richtig hält – je nachdem wie viele Wochen, Monate oder vielleicht sogar Jahre er schon frei wählen konnte. Aber irgendwann wird er es begreifen.

Allerdings kann er es nur lernen, wenn Sie selbst absolut davon überzeugt sind und konsequent bleiben. Ansonsten konditionieren Sie ihn im Nu darauf, dass er nur stur genug bleiben muss, damit Sie nachgeben. Davon hat aber keiner von Ihnen beiden etwas: Sie selbst sind unzufrieden, weil es mit der Umgewöhnung nicht klappt. Und Ihr Hund kann sich weiterhin nicht in dem Maße entspannen, wie es ihm und Ihrer Beziehung zueinander wirklich guttäte. Fangen Sie also einfach noch einmal von vorn an, als hätten Sie wieder einen jungen Hund und geben Sie Ihrem Partner auf vier Pfoten eine neue Chance, der Hund zu werden, den Sie sich wünschen.

ZUSAMMENFASSUNG

Um einen Hund auf seinen Ruheplatz zu konditionieren,
- muss er wissen, wo sein Platz ist.
- müssen Sie ihn konsequent auf seinen Platz bringen, wenn er sich woanders hinlegen will.
- verknüpfen Sie das Zurückbringen jedes Mal mit einem Handzeichen oder Befehl.

GASSI GEHEN

Die schönste Aufgabe, die Sie Ihrem Hund geben können, ist ein gemeinsamer Spaziergang. Aber nicht so einen, wie ihn die meisten vermutlich kennen. Ein paar Regeln sollten Sie nämlich schon einhalten.

»Aber das muss ein Hund doch nicht lernen«, lachen viele Leute, wenn ich nach der zweiten Sache gefragt werde, die man seinem Hund unbedingt beibringen sollte. Sie halten meine Antwort, das Gassigehen, für einen Scherz. Erst wenn ich von den vielen verzweifelten Hundehaltern berichte, für die jeder Spaziergang mit ihrem Vierbeiner zu einem wahren Spießrutenlauf wird, verstehen sie mich. Wahrscheinlich weil sie selbst schon oft genug Ähnliches beobachtet haben. Ich führe zwar nicht Buch über meine Kunden, aber ich würde sagen, dass Probleme auf der Straße, im Park und auf der Hundewiese einer der häufigsten Gründe sind, weshalb man mich um Hilfe bittet. Wobei sich die Fälle meist ähneln: Der Hund zieht wie verrückt an der Leine und bellt jeden Artgenossen, Jogger und / oder Radfahrer an. Wenn man ihn von der Leine lässt, ist es meist noch schlimmer. Er macht sich sofort selbstständig, ist unberechenbar und reagiert weder auf Zuruf noch auf irgendwelche anderen Signale. Und wenn man Pech hat, legt er sich mit anderen Hunden oder, noch fataler, mit Menschen an. Die gute Nachricht lautet: Das muss nicht so bleiben,

Veränderung ist möglich. Jeder Hund kann lernen, dass er sich draußen nicht so aufführen muss. Allerdings müssen Hund und Herrchen dazu gemeinsam die »Schulbank drücken«. Denn es liegt auch hier in erster Linie wieder einmal an uns, dass sich der Vierbeiner benimmt, wie er sich benimmt.

Wenn der Mensch versäumt, dem Hund durch seine Haltung und seine innere Einstellung zu signalisieren, dass er die Situation beim Gassigehen unter Kontrolle hat, drängt er den Hund regelrecht dazu, selbst die Verantwortung und damit die Führung zu übernehmen. Kein Wunder, dass er dann ständig dabei ist, die Lage zu checken, vermeintliche Gefahren aus dem Weg zu bellen oder potenzielle Feinde zu vertreiben. Erst wenn es gelingt, die Kontrolle wiederherzustellen, und dem Hund zu zeigen, dass man die Verantwortung trägt, braucht er nicht mehr immer selbst zu entscheiden, wie er sich nach außen präsentiert. Dann kann er sich entspannen. Er kann dann die Verantwortung seinem Menschen überlassen und selbst den Spaziergang endlich als das genießen, was er für ihn sein sollte: Bewegung, Arbeit, Spaß.

Wenn wir dem Hund seine natürlichen Instinkte nicht »abtrainieren«, folgt er uns automatisch.

Der natürliche Folgeinstinkt

Bei Welpen kann man wunderbar beobachten, wie gern Hunde ihrem Herrchen oder Frauchen von sich aus folgen. Und das liegt nicht etwa daran, dass sie noch klein und ängstlich wären. Sondern daran, dass sich noch keine Fehler eingeschlichen haben. Es liegt in der Natur eines Hundes, dass er seinem Menschen erst einmal überallhin hinterherläuft. Er folgt damit einfach seinen Instinkten, muss es also nicht lernen. Was man »trainieren« muss, ist vielmehr, dass das auch so bleibt. Oder anders ausgedrückt: Man darf dem Welpen nicht durch falsches Verhalten »abtrainieren«, dass er uns automatisch folgt. Stattdessen sollte man seine natürlichen Instinkte füttern und ihn dadurch weiterhin an sich binden.

VERTAUSCHTE ROLLEN

Aus menschlicher Sicht mag es vielleicht völlig normal erscheinen, dass ein Hund sich draußen auf eigene Faust umschauen will. Viele Hundehalter sehen in ihren Vierbeinern gezähmte »Wilde«, die nur beim Spazierengehen ihre wirkliche Natur ausleben können, weil sie dann frei und ungebunden und, wenn sie Glück haben, auch noch unter ihresgleichen sind.

Hunde sind aber keine wilden Tiere. Sie sind keine ge-
fangenen Wölfe. Vielmehr hat der Mensch durch deren Domestizierung ein neues Lebewesen »geschaf-
fen«. Dieses Tier will aus eigenen Stücken bei uns
sein, uns begleiten, mit uns leben. Seine Instinkte binden ihn an uns. Er will ein Teil von uns sein und uns
aus freien Stücken folgen. So gesehen hat ein Hundebesitzer in meinen Augen schon ein Problem mit der
Hund-Mensch-Beziehung, wenn er fragt, wie viel
Freiheit sein Hund haben darf. Wenn der Hund gut an
unser Leben angepasst ist, wir ihm die nötige Sicherheit geben und unsere menschliche Verantwortung
übernommen haben, fühlt er sich nicht »eingesperrt«.
Was dem im Wege steht, sind wir selbst. Denn damit
alles ganz natürlich läuft, müssen auch wir uns so verhalten, wie es unsere Ahnen jahrtausendelang getan
haben, und dem Hund ein verantwortungsvoller
Mensch sein. Anderenfalls kommt ein genetisch be-
dingter Mechanismus ins Rollen: Wenn ein Mensch
die natürliche Rangordnung in der Mensch-Hund-
Beziehung nicht respektiert und sich nicht an dessen
Spitze stellt, fällt sein Hund genauso instinktiv, wie er
ihm normalerweise folgen würde, in seine prädomes-
tizierte Verhaltensweise zurück. Das Tier wird dann
automatisch versuchen, die fehlende Führungspositi-
on selbst auszufüllen und wo es geht, die Verantwortung übernehmen. Diesen Mechanismus gibt es übrigens auch in Beziehung zu anderen Menschen, etwa
bei Kindern, deren Eltern ihnen nicht genug Nähe
und Sicherheit zu geben vermögen. Der Nachwuchs
wirkt dann auf den ersten Blick vielleicht frei und un-
abhängig. Tatsächlich aber ist er einfach nur haltlos

*Respekt und Nähe sind die Voraussetzung für eine
harmonische Beziehung, in der Lernen leichtfällt.*

Es liegt nicht in der Natur des Hundes, alles selbst zu »bestimmen«. Sie wollen einfach nur bei uns sein.

und muss deshalb versuchen, selbst die Sorge und Verantwortung für sich (und oft auch noch für die Erwachsenen) zu übernehmen.

Wenn Hunde in diese Rolle gedrängt werden, zieht das genau die Probleme nach sich, weswegen sich die Menschen an mich wenden: der Hund hört nicht, geht schlecht an der Leine, kläfft, bleibt nicht allein zu Hause, ist aggressiv zu anderen Hunden oder Menschen und, und, und. Davon abgesehen leidet nicht nur der Mensch unter dem schlechten Verhalten. Für den Hund bedeutet die ungewohnte Position Dauerstress. Schließlich muss er ständig Dinge machen, für die er von Natur aus gar nicht ausgerüstet ist. Im Extremfall kann er davon sogar richtig krank werden.

Wenn Sie Ihren Hund respektieren und lieben, sollten Sie ihn genau davor beschützen.

Sie haben vermutlich längst gemerkt, worauf ich hinauswill: Je früher man sich den »Folgeinstinkt« zunutze macht, umso besser. Warum sollte man auch warten? Ein Hund muss vom ersten Tag an im neuen Zuhause raus. Sie können mit dem Gassigehen nicht warten, bis er auf seinen Namen hört, Sitz macht oder alt genug für die Hundeschule ist. Er soll schließlich ein Teil von unserem Leben werden und sein Geschäft muss er auch erledigen. Und wenn Sie schon draußen sind, warum sollte er dann nicht gleich sein neues Umfeld kennenlernen? Dabei können Sie ihm von Anfang an zeigen, wie er sich dort verhalten soll.

WARUM EIN GARTEN NICHT GENUG IST

Ich beobachte immer wieder, dass Menschen, die in einem Haus mit Garten leben, ein weniger harmonisches Verhältnis zu ihrem Hund haben. Und ich bin der Meinung, dass das genau an diesem Haus mit Garten liegt. Man neigt dann nämlich schnell dazu, den Hund einfach rauszuschicken, damit er beschäftigt ist, und vergisst dabei, wie wichtig der tägliche Spaziergang für ihn ist. Dass er ihn als wichtige Aufgabe braucht. Dass der Hund eigentlich bei uns sein will. Dass er etwas mit (!) uns unternehmen möchte, nicht allein. Dazu kommt noch, dass er das Grundstück aufgrund seines natürlichen Territorialinstinktes, wenn er immer allein darin ist, irgendwann als seinen »Besitz« ansehen wird. Nicht als den seines Frauchens oder Herrchens. Und er wird es dementsprechend auch als seine einzige Aufgabe betrachten, den Garten zu bewachen. Das wiederum ist eine Aufgabe, die ihn schnell überfordert. Was sich dirket auf die Mensch-Hund-Beziehung auswirkt.

Keine Frage: Wenn Sie das berücksichtigen und ausreichend Zeit mit Ihrem Hund verbringen, in der er bei Ihnen und/oder Teil der Familie sein darf, ist ein Garten natürlich toll. Aber wenn er die Gruppe ersetzt, wird jeder Hund nur zu gern auf ihn verzichten und jede Stadtwohnung vorziehen. Weil man dort zwangsläufig oft etwas gemeinsam unternimmt: beim Gassigehen.

In einer ungewohnten Umgebung kann die Leine einem Hund zusätzlich Sicherheit geben.

Hilfsmittel Leine

Leine ja oder nein, ist für mich ehrlich gesagt gar kein Thema. Die meisten Hunde leben heute schließlich in einer Umgebung, in der sie zumindest zeitweise an der Leine gehen müssen. Deshalb plädiere ich dafür, jeden Vierbeiner von Anfang an mit ihr vertraut zu machen. Dann ist sie für ihn etwas ganz Natürliches. Leider jedoch hat die Leine ein ziemlich schlechtes Image. Viele Menschen denken, ein Hund fühle sich nur dann gut, wenn er frei neben ihnen herlaufen kann. Sie erkennen nicht, dass Leinenlosigkeit nicht automatisch auch Freiheit bedeutet.

Ein Hund fühlt sich dann frei, wenn er sich keinen Kopf machen muss. Freiheit bedeutet für ihn in erster Linie, frei sein im Kopf. Und das wiederum kann er nur, wenn wir die Verantwortung übernehmen und er leben darf, wie es seiner Natur entspricht.

Wenn Sie die Leine selbst nicht als etwas Positives sehen, sondern als ein Symbol für die Verlust von Freiheit, kann Ihr Hund nicht verstehen, was die Leine ist: die Verbindung zwischen Ihnen und ihm. Die Leine sollte ein Hilfsmittel sein und nichts Schlechtes. Ich selbst etwa benutze sie in erster Linie aus Respekt gegenüber anderen Menschen, die vielleicht Angst vor Hunden haben. Und nicht weil ich sie brauche, um meine Hunde in Zaum zu halten. In bestimmten Situationen benutze ich sie auch, um meinen Hunden noch mehr Sicherheit zu geben. In beiden Fällen sehe ich in ihr etwas Gutes. Und deshalb hat sie auch für meine Hunde überhaupt nichts Negatives. Genauso sollte es immer sein. Und der erste Schritt dazu ist,

Gassigehen an der Leine ist für den Hund nicht weniger schön als ohne. Die Leine ist die Verbindung zum Mensch.

dass Sie als Hundebesitzer selbst aufhören, die Leine mit Gefangenschaft zu assoziieren. Die Veränderung beginnt also wieder einmal in Ihrem Kopf.

DIE LEINE POSITIV BELEGEN

Ein junger Hund weiß natürlich erst einmal nicht, was eine Leine ist. Er wird sie vielleicht als Spielzeug ansehen und auf ihr herumkauen. Dulden Sie das nicht, und das meine ich ernst. Die Leine ist die Verbindung zwischen ihnen beiden und kein Spielzeug. Zeigen Sie das Ihrem Welpen, indem Sie ihn an die Leine nehmen und tolle Dinge mit ihm machen: spielen (aber eben nicht mit der Leine als Spielzeug), auf eine Wiese gehen, füttern … Ein älterer Hund hat bisher vielleicht nicht erlebt, dass die Leine etwas Gutes ist. Dann muss man ihm das genauso erst zeigen – indem man die Leine immer mit schönen Sachen verbindet, so wie man es mit einem neuen Welpen tun würde. Auf diese Weise löst man alte Konditionierungen und der Hund lernt die neue Bedeutung der Leine. Möglicherweise flippt der Hund ja schon aus, wenn er die Leine nur sieht, also lange bevor Sie überhaupt zum Gassigehen aufbrechen. Wenn der anschließende Spaziergang genauso unentspannt ist wie das Theater davor, sollten Sie etwas ändern.

DEN HUND AN DIE LEINE GEWÖHNEN UND ENTSPANNT AUFBRECHEN

Leine nicht mit Aufregung verknüpfen

Alles, was Sie mit Ruhe machen, wird Ihr Hund auch mit Ruhe assoziieren. Daher ist es wichtig, dass Sie die Leine nie dann anlegen, wenn er gerade aufgeregt ist. Auch wenn er vermeintlich vor Freude aufspringen sollte, sobald er die Leine sieht, muss er lernen, dass er damit keinen Erfolg hat. Lassen Sie ihn sich hinsetzen oder -legen und warten Sie, bis er sich wieder beruhigt hat.

Schöne Dinge machen

Ihr Hund lernt am schnellsten, dass die Leine nichts Schlechtes ist, wenn Sie nach dem Anleinen-Üben erst einmal Zeit einplanen, in der Sie etwas Schönes mit ihm machen. Sie können ihn streicheln, miteinander spielen oder ihm auch etwas zu Fressen geben. Die Leine lassen Sie dabei einfach herabhängen oder Sie halten sie locker in der Hand. Sie ist einfach da – und ganz normal. Sie gehört zu Ihnen und damit auch zu ihm.

ENTSPANNT ANLEINEN

Wenn die Leine für den Hund nicht Ruhe und Sicherheit, sondern Aufregung bedeutet, kann er natürlich selbst auch nicht ruhig bleiben. Deshalb ist das Erste, was Sie in so einem Fall tun sollten, selbst ruhig und sicher zu werden, wenn Sie die Leine in der Hand halten. Mit Schimpfen oder Hektik erreichen Sie nichts, die Situation spitzt sich dadurch nur noch mehr zu. Denken Sie daran: Wenn Ihr Hund sich so benimmt, haben Sie ihn unbewusst entsprechend konditioniert. Seien Sie also geduldig, er kann nichts dafür. Geben Sie ihm durch Ihre innere und äußere Haltung zu verstehen, dass Sie alles im Griff haben und warten Sie, bis er sich beruhigt hat. Irgendwann wird er Ihnen zeigen, dass er verstanden hat, indem er sich hinsetzt oder hinlegt, ein paar Schritte zurückweicht, zur Seite schaut, gähnt oder sonst wie signalisiert, dass sich seine Aufregung gelegt und er sich entspannt hat. Erst wenn es so weit ist, legen Sie ihm die Leine an.

In aller Ruhe starten

Wenn Sie dann tatsächlich aufbrechen, sollte das abermals völlig unaufgeregt geschehen: Sie geben das Tempo vor, nicht der Hund. Warten Sie, bis er sich ruhig verhält, ehe Sie Haus oder Wohnung verlassen, die Treppe hinuntergehen und/oder das Gartentor öffnen. Sonst nehmen Sie die Unruhe mit auf die Straße.

Möglicherweise geht es in dem Moment von vorn los. Werden Sie aber bloß nicht ungeduldig, damit erreichen Sie nur das Gegenteil. Warten Sie erneut ab, bis der Hund aus der aufgeregten Haltung kommt und öffnen Sie erst dann die Tür. Möglicherweise startet alles im Treppenhaus oder auf dem Gehweg aufs Neue. Auch dann heißt es wieder abwarten, Haltung zeigen. Das Wichtigste ist: Machen Sie nicht mehr das, was Sie bisher gemacht haben. Das hat ganz offensichtlich nicht funktioniert. Jetzt arbeiten Sie nur

mit Ihrer Ruhe. Und egal ob es drei Minuten dauert, zehn Minuten oder eine Stunde: Das Warten wird sich für beide Seiten lohnen.

Üben Sie das Ganze am besten ruhig mehrmals am Tag, auch wenn Sie anschließend lediglich einmal den Gehweg bis zur nächsten Kreuzung entlanglaufen. Es geht schließlich nicht um einen schönen Ausflug. Der Hund soll »nur« lernen, dass Anleinen kein Grund ist, sich aufzuregen. Es geht raus, sonst nichts.

> »Jede Veränderung braucht Zeit. Vergessen Sie nicht, dass Ihr Hund vielleicht schon Jahre so gelebt hat.«

Je nachdem, wie lang Sie das Verhalten Ihres Hundes bisher geduldet haben, dauert es, bis sich erste Veränderungen einstellen. Das erfordert Geduld und den aufrichtigen Wunsch, wirklich etwas an der Situation zu ändern. Dann aber werden Sie auch feststellen, wie es Schritt für Schritt, Tag für Tag besser wird. Nicht nur beim Anleinen, sondern auch beim Gassigehen selbst. Der Spaziergang beginnt nämlich nicht erst, wenn der Hund am See aus dem Auto herausspringt oder Sie die Hundewiese erreicht haben. Und auch nicht dann, wenn die große Kreuzung überquert oder die Wohnungstür hinter Ihnen ins Schloss gefallen ist.

WIE MAN ZUG
AN DER LEINE VERHINDERT

Überkreuz tragen

Um sich bewusst zu machen, dass die Leine nicht dazu da ist, den Hund zu stoppen, empfehle ich häufig, sie wie eine Tasche schräg über die Schulter zu tragen. Dadurch hat man beide Hände frei, um den Hund im Bedarfsfall aufzuhalten und/oder ihn dorthin zu lenken, wo er sein sollte (siehe auch Bild rechts). Vor allem aber kann man nicht an der Leine ziehen.

Knoten machen

Wenn die Leine zu lang ist, weiß der Hund oft nicht, wo er »hingehört«. Und dadurch steigt die Gefahr, dass er nach vorn prescht und wir automatisch Zug auf die Leine ausüben. Es ist aus diesem Grund sinnvoll, die Leine möglichst kurz, aber immer noch locker zu halten. Damit die Hand mit der Zeit nicht immer weiter wegrutscht, hilft ein einfacher Trick: Machen Sie an der passenden Stelle einen Knoten in die Leine.

Er beginnt, bevor Sie das Haus überhaupt verlassen: beim Aufbruch. Die Stimmung, die herrscht, wenn Sie sich selbst und Ihren Hund zum Gassigehen vorbereiten, wenn Sie die Leine in die Hand nehmen beziehungsweise Ihrem Hund anlegen, nehmen Sie mit nach draußen. Wenn daheim also alles ruhig und sicher abläuft, stehen die Chancen, dass Hund draußen »vorbildlich« an der Leine läuft und weder zieht noch überall stehen bleibt oder ständig von links nach rechts läuft – und umgekehrt – deutlich besser. Kurz-

um: Mit dem richtigen Start schaffen Sie die Grundlage für einen entspannten Spaziergang.

Aber auch wenn sich mit der Zeit bereits konkrete Probleme eingeschlichen haben, müssen Sie dieses nicht einfach hinnehmen. Sie können jederzeit damit beginnen, etwas an der Situation zu ändern. Dafür fangen Sie einfach noch einmal bei Null an und bringen Ihrem Hund wie einem Welpen bei, wie man entspannt Gassi geht. Ich verspreche Ihnen: es wird ihm viel besser gefallen. Und ich sage Ihnen, wie es klappt.

»Ausbremsen«

Schon ganz junge Hunde verstehen instinktiv Zeichen wie diese vorgehaltene Hand, mit der Sie dem Tier signalisieren können, dass es weniger drängeln soll. Wenn Sie möchten, können Sie dazu ein Wort wie »Stopp!« kombinieren. Warten Sie, bis sich Ihr Hund wieder auf Sie konzentriert und gehen Sie dann ruhig weiter.

ne wie eine leichte Tasche locker in der Hand und fühlen aufgrund der Bewegung Ihres Hundes allenfalls, dass sie leicht hin und her schlenkert. Versuchen Sie es das nächste Mal so: Wenn der Hund ansetzt, nach vorn zu drängeln, halten Sie die Leine gerade so lang, dass er neben Ihnen läuft. Es gibt Menschen, denen ich empfehle, einen Knoten in die Leine zu machen, damit die Hand nicht abrutscht. Anderen fällt es leichter, sich die Leine einfach um Brust und Schulter zu hängen. Wichtig ist, dass der Hund nicht mit der Leine korrigiert wird, sondern dass er versteht, dass wir die Leine dazu benutzen, ihn zu lenken, damit er neben uns läuft.

Wenn er vor Ihnen läuft, bremsen Sie ihn mit der flachen Hand als »Stoppschild« aus und warten, bis er wieder von allein zurückkommt. Damit signalisieren Sie ihm, dass Sie bemerkt haben, was er vorhat und sein Benehmen nicht für gutheißen. Will er Ihren »Einwand« nicht akzeptieren, bleiben Sie stehen und warten so lange, bis er ruhiger ist und sich neben Sie setzt und sich an Ihnen orientiert.

PROBLEM 1: HUND ZIEHT AN DER LEINE

Wenn ein Hund an der Leine zieht, bedeutet das für Mensch und Tier gleichermaßen Stress pur. Vermutlich haben Sie aber selbst schon gemerkt, dass es nichts nützt, einfach dagegenzuhalten, wenn Ihr Hund an der Leine zieht. Er wird sich nur umso stärker ins Zeug legen. Zug erzeugt eben Gegenzug. Der Hund sollte die Leine zwar als Verbindung spüren, aber ganz ohne Druck. Im Idealfall halten Sie die Lei-

»Es liegt in der Natur des Hundes, uns zu folgen. Diesen Instinkt dürfen Sie nicht zerstören. Sie sollten ihn füttern und den Hund so an Sie binden.«

Auch hier ist wieder wichtig, dass Sie selbst absolut ruhig bleiben. Wenn Sie gestresst sind, weil die Zeit drängt oder Sie sich beobachtet und daher unwohl fühlen, bringt die ganze Sache gar nichts. Ihr Hund wird Ihre eigene Unruhe sofort bemerken. Und wie soll er selbst dann ruhig werden?

Genauso aber wird sich Ihre Stimmung auf den Vierbeiner übertragen, wenn Sie entspannt sind. Das kann zwar dauern, aber irgendwann wird auch er sich beruhigen und Ihnen zeigen, dass er entspannt. Erst dann gehen Sie ohne eine weitere Aufforderung sicher und ruhig weiter. Achten Sie schon beim ersten Schritt darauf, was Ihr Hund jetzt macht und reagieren Sie sofort entsprechend – notfalls indem Sie abermals anhalten und das Ganze wiederholen. Ich weiß, das klingt aufwendig. Aber es wirkt.

An dieser Stelle würde ich gleich gern mit einem weitverbreiteten Missverständnis aufräumen: Dass ein »guter« Hund immer hinter seinem Herrchen respektive Frauchen herlaufen muss.

Wenn ich mit meinen Hunden joggen gehe, laufen sie ganz selbstverständlich auch mal ein paar Meter voran. Das bedeutet aber noch lange nicht, dass sie plötzlich meine Rolle als Verantwortlicher infrage stellen würden. Es ist alles eine Sache der individuellen Regeln: Für die einen ist es in Ordnung, wenn ihr Hund ein paar Meter voraus läuft oder zurückfällt. Die anderen lassen ihn öfter kurz schnuppern … Wichtig ist nur, dass Sie die Regeln aufstellen und nicht Ihr Hund. Und das merken Sie unter anderem daran, ob die Leine locker bleibt oder ob sie bis aufs Äußerste gespannt ist.

AN DER LANGEN LEINE?

Immer wieder höre ich, man solle Welpen oder Hunde, die viel ziehen oder sich nicht einwandfrei (oder gar nicht) abrufen lassen, an der Schlepp- oder Flexi-Leine ausführen. Dann könnten sie einerseits »frei« herumstöbern, andererseits hätte man jedoch stets die Kontrolle und es bestünde jederzeit die Möglichkeit, sie zurückzuholen.

Ich selbst würde so eine Leine nicht empfehlen. Ist der Hund noch jung, zerstört man den »Folgeinstinkt«, wenn er zu viel eigenständig herumstöbern darf. Und der ältere Hund kann nur lernen, bei seinem Frauchen oder Herrchen zu laufen, wenn die währenddessen die Kontrolle übernehmen und der Hund sich darauf konzentriert, bei ihnen zu sein. Die lange Leine verhindert das eher. Ich würde sie daher allenfalls in der Pause beim Spaziergang benutzen, wenn das Gelände nicht sicher ist. Auch das Kommen lernen Hunde nicht dadurch, dass man sie an der langen Leine zurückzieht. Alles was Sie ihm damit beibringen, ist, dass die Leine etwas Unangenehmes ist.

Klar, beim Joggen läuft auch mal einer der Hunde kurz voran. Aber keiner macht sich selbstständig.

DEN HUND MIT DER LEINE LENKEN

Die Richtung anzeigen

Ich betrachte die Leine gern als verlängerte Hand des Menschen. Mit ihr können Sie dem Hund in jeder Situation ohne viele Worte anzeigen, wohin es geht beziehungsweise wo er gehen soll. Wichtig ist auch hier, dass die Leine nicht straff gespannt ist, sondern locker, aber eindeutig in die gewünschte Richtung zeigt, so wie Sie es auf dem Foto sehen.

Absichern

Auf unsicherem Grund wie diesen Felsen am Strand leite ich meine Hunde mit der kurzen Leine – hier von Stein zu Stein. Anderenfalls würden sie mir einfach irgendwie hinterhertrotten und sich möglicherweise in den Spalten zwischen den Felsbrocken verletzen. Mein Tipp: Stellen Sie sich vor, Ihr Hund wäre eine Marionette, die Sie an einem unsichtbaren Faden über die Hindernisse lenken. Das macht es leichter.

PROBLEM 2: HUND GEHT NICHT WEITER

Das Gegenteil des wie eine Dampflokomotive an der Leine ziehenden Hundes ist der, der zwischendurch immer wieder stehen bleibt, wenn Sie eigentlich weiterwollen. Das mag auf Außenstehende entspannt wirken. Auf Dauer wird aber jeder Hundebesitzer genervt sein, wenn er seinen Hund ständig mehr oder weniger gewaltsam weiterziehen muss. Außerdem gilt auch hier wieder: Zug erzeugt Gegenzug. Besser ist es daher, wenn man versteht, warum der Hund stoppt und dann gezielt darauf reagiert.

Bei jungen Vierbeinern liegt das Stehenbleiben meistens daran, dass sie (noch) unsicher sind. Welpen folgen uns zwar instinktiv überallhin. Trotzdem können sie in einer neuen Umgebung unsicher reagieren. Daher müssen Sie Ihrem Welpen möglichst eindeutig vermitteln, was Sie von ihm wollen: Halten Sie die Leine, ohne an ihr zu ziehen, in die Richtung, in die Sie gehen möchten. Schauen Sie dabei nicht den Hund

Seitenwechsel

Auf der Straße ist es am sichersten, wenn Ihr Hund rechts von Ihnen läuft. Will er eigenständig die Seite wechseln, bleiben Sie stehen, nehmen den Arm nach rechts vorn und leiten ihn hinter Ihrem Rücken nach rechts. Ziehen Sie nicht, sondern warten Sie, bis der Hund das Signal versteht. Dann gehen Sie gemeinsam weiter.

an, sondern wenden Sie Ihr Gesicht ebenfalls in die gewünschte Richtung. Sobald das Tier einen Schritt nach vorn macht, gehen Sie ohne ein weiteres Signal ruhig und sicher weiter.

Auch erwachsene Hunde bleiben vor allem dann stehen, wenn sie unsicher sind, etwa in einer für sie ungewohnten Situation (siehe ab Seite 123). In diesem Fall ist es wie beim Welpen wichtig, mithilfe der Leine und der eigenen Körpersprache klar und eindeutig zu zeigen, was man von ihnen will: dass sie weitergehen.

PROBLEM 3: DER HUND WECHSELT BEIM LAUFEN STÄNDIG DIE SEITE

Dort wo ich mit meinem Rudel spazieren gehe, gibt es viele enge, von Natursteinmauern begrenzte Straßen. Normalerweise fahren hier kaum Autos, aber weil wir doch hin und wieder auf eines stoßen, möchte ich, dass meine Hunde an der der Mauer zugewandten Seite gehen. Deshalb bringe ich ihnen schon früh bei, dass Sie beim Laufen auf meiner linken Seite bleiben und nicht ständig hin und her wechseln.

Die Strategie dafür kommt Ihnen vermutlich mittlerweile schon bekannt vor: Ich halte die Hunde entsprechend kurz, aber locker an der Leine. Wenn Sie die Seite wechseln wollen, bleibe ich stehen und zeige mit der Leine, wo sie laufen sollen. Dadurch verstehen sie, was ich von ihnen will, und weil sie mir vertrauen, halten sie sich daran.

Bei älteren Hunden, die sich nach mehreren Monaten, vielleicht sogar Jahren noch umgewöhnen sollen, ist so ein kleines Signal manchmal nicht ausreichend. Kein Wunder, wenn man bisher nie auf ihr »Gezappel« reagiert hat. Diese Hunde kann man zusätzlich zu dem Hinweis mit der Leine sanft dorthin zurückschieben, wo sie hingehören. Das verstehen sie besser.

»Die wichtigste Regel lautet:
Die Leine darf nie gespannt sein.«

DISZIPLINIERT GASSIGEHEN

Die täglichen Spaziergänge mit dem Hund sind ein äußerst wichtiger Teil der »Beziehungsarbeit«. Beim Gassigehen können Sie Ihrem Vierbeiner nämlich ohne viel Aufsehen zeigen, dass Sie die Verantwortung übernehmen und er die meiste Zeit nichts anderes zu tun braucht, als Ihnen zu folgen. Er muss weder alles abchecken noch das Gelände rundum kontrollieren, sondern kann den Ausflug mit Ihnen einfach ganz entspannt genießen. Und genau das will er ja.

Das Besondere am disziplinierten Gassigehen ist seine klare Struktur: Etwa 90 Prozent geben Sie die Richtung vor. Das bedeutet, der Hund läuft in dieser Zeit nur bei Ihnen, anstatt auf eigene Faust auf Entdeckungstour zu gehen. Dafür ist in den restlichen zehn Prozent des Spaziergangs Zeit. Dann darf er herumsausen, überall schnüffeln, spielen (mit Ihnen oder anderen Hunden) ...

Ich mache das Ganze selbst täglich mit meinem kompletten Hunderudel. Das sieht dann so aus: Ich gehe oder jogge eine halbe Stunde, in der die Hunde einfach mitlaufen. Sie bleiben nicht stehen, um zu schnüffeln, und kabbeln sich auch nicht untereinander. Jeder »trabt« vor sich hin, aber alle folgen mir. Auch wenn wir unterwegs anderen Hunden begegnen, bleiben meine bei mir. Sie wissen intuitiv, dass jetzt nicht die Zeit für Spielchen ist, sondern Arbeit angesagt ist.

Nach 30 Minuten mache ich irgendwo, wo es mir gut gefällt, eine kurze Pause und lasse meine Truppe rasten. Ich setze mich hin und signalisiere dadurch: Jetzt ist eine kurze Auszeit. Instinktiv wissen

Den Großteil des Spaziergangs bleiben meine Hunde bei mir – egal ob wir mit oder ohne Leine laufen.

die Hunde, dass sie jetzt all die Sachen machen können, die eben noch tabu waren. Sie fordern sich gegenseitig zum Spielen auf, schnuppern an den Hinterlassenschaften anderer Hunde oder der Spur eines Kaninchens hinterher (wenn sie sich dabei zu weit entfernen, rufe ich sie zurück; auch ich setze imaginäre Grenzen). Gerade wenn es heiß ist, legt sich aber auch der ein oder andere einfach mal zu mir und ruht sich aus.

Nach rund zehn Minuten stehe ich auf, rufe die Hunde zu mir und wir gehen oder laufen geschlossen wieder zurück. Genauso diszipliniert wie zuvor. Die Pause ist vorbei, jetzt wird wieder gearbeitet. Wenn ich mehr Zeit habe, sind wir auf diese Weise oft mehrere Stunden unterwegs, wobei auf Phasen, in denen die Hunde bei mir laufen, immer wieder Auszeiten folgen. Allerdings nehmen die stets den kleineren Teil ein, egal wie lang wir draußen sind.

LEINE(N) LOS?

Weil gleich vor meiner Haustür ein Feldweg beginnt, den wir einschlagen, laufen meine Hunde beim Gassigehen meistens ohne Leine. Sie bleiben bei mir, weil sie wissen, dass es ihre Aufgabe ist. Wenn Ihr Hund noch nicht so weit ist oder Sie selbst sich sicherer fühlen, wenn Sie eine Leine benutzen, tun Sie das. Die Leine ist die Verbindung zwischen Ihnen beiden. Sie signalisiert Ihrem Hund, dass er zu Ihnen gehört und deshalb auch bei Ihnen bleiben soll. Es macht ihm nichts aus, an der Leine zu laufen, solange es Ihnen nichts aus-

Etwa bei der Hälfte mache ich Pause. Jetzt lasse ich sie »frei« laufen und sie erkunden die Gegend.

macht. Genauso können Sie, wenn Sie unsicher sind, in der Pause eine lange Schleppleine benutzen. Aber nur für die Pause. Beim disziplinierten Teil sollten Sie Ihren Hund wieder an die normale Leine nehmen.

Lässt sich Ihr Hund an der Leine sicher und ruhig führen, können Sie, wenn Sie das gerne möchten, üben, ohne Leine spazieren zu gehen. Auch dann gelten aber die Regeln des disziplinierten Gassigehens. Das Spazierengehen ohne Leine ist jedoch kein Muss für jeden Hundehalter. Wenn Sie das Gefühl haben, dass Sie Ihrem Hund nur mithilfe der Leine genug Sicherheit und Ruhe vermitteln können, weil Sie sich nur dann selbst sicher genug fühlen, empfehle ich Ihnen, dabei zu bleiben. Ihr Hund wird Ihre Unsicherheit anderenfalls sofort spüren und entsprechend reagieren – selbst wenn er gut an der Leine geht. Von einem »erzwungenen« Freilauf hat also keiner etwas.

KOMM!

Es gibt verschiedene Situationen, in denen es wichtig ist, dass Ihr Hund zu Ihnen kommt, wenn Sie es wollen. Weil er selbst diese Momente nicht immer erkennt, müssen Sie ihm beibringen, auf Ihr Signal zu hören.

Hunde sind in der Lage, bestimmte Dinge mit bestimmten Worten zu verknüpfen. Weil sie aber von dem, was wir sagen, nicht den genauen Inhalt verstehen, ist es für Ihren Vierbeiner, wenn Sie seinen Namen rufen, erst einmal nichts anderes als würden Sie die Worte »Apfel«, »Kaninchen«, den Namen Ihres Lieblingsfußballclubs oder irgendeine Automarke aufzählen: Er verbindet mit seinem Namen anfangs nicht mehr als mit jedem anderen beliebigen Wort. Er muss erst lernen, dass Sie ihn meinen, wenn Sie einen bestimmten, nämlich seinen, Namen nennen.

Gerufen werden ist etwas Schönes

Leider benutzen viele Hundebesitzer den Namen Ihres Vierbeiners vor allem dann, wenn sie ihn schimpfen oder er irgendetwas nicht tun soll. Ich weiß gar nicht, wie oft ich schon Kommandos wie »Leika, lass das!« oder »Nein, Leika, aus!« gehört habe (oder »Schluss jetzt, Timmy!«, »Was soll das, Karlotta«, »Pfui, Ares!«). Das Problem dabei: Während wir den Hund verbal korrigieren und rein kognitiv alles im Griff zu haben scheinen, sprechen unsere negativen Emotionen und unser Körper eine völlig andere Sprache. Natürlich bleibt das nicht unbemerkt, schließlich sind Hunde Meister darin, unsere Gestik und Mimik zu lesen. Sie verbinden ihren Namen daher in erster Linie mit unserer Aufregung und Unsicherheit. Dabei sollte er doch Ruhe und Sicherheit vermitteln und etwas Schönes ankündigen.

Damit Ihr Hund später gern zu Ihnen kommt, wenn Sie ihn rufen, sollte er seinen Namen mit angenehmen Dingen verknüpfen. Sprechen Sie ihn daher nur dann an, wenn er ruhig und ausgeglichen ist und Sie ihn zum Beispiel gerade die Ohren kraulen oder Sie gemeinsam auf dem Boden liegen und kuscheln.

RÜCKRUF ÜBEN

Haben Sie den Namen positiv belegt und waren die ersten Zurufe erfolgreich, können Sie es wagen, beim Spaziergang eine kurze Pause einzulegen, in der Sie Ihren Vierbeiner von der Leine lassen. Vorher sollte er aber wie gewohnt schon mindestens 30 Minuten diszipliniert an der Leine gelaufen sein (siehe hierzu Seite 68 und 69).

Suchen Sie für die »Trainingszeit« immer eine Stelle, an der Ihr Hund möglichst wenig abgelenkt wird und Sie alles gut überblicken können. Dann überlegen Sie, wie weit sich der Hund von Ihnen entfernen darf. Das ist wieder Ihre Grenze – und damit auch seine. Lassen Sie nun den Hund ein paar Minuten frei laufen. Wenn er Ihre Grenze überschreitet, rufen Sie seinen Namen. Aufgrund des natürlichen Territorialverhaltens sind Grenzen nichts Ungewöhnliches für ihn. Es ist sogar wichtig, ihm Grenzen zu setzen, weil das seiner Natur entspricht. Und weil Ihr Hund vermutlich schon zu Hause erfahren hat, dass es Grenzen gibt, wird er Sie

ANDERE RÜCKRUFSIGNALE

Anstatt den Hund mit seinem Namen zurückzurufen, können Sie auch ein anderes Signal verwenden und zum Beispiel in die Hände klatschen oder pfeifen. Es gibt wirklich viele Möglichkeiten und ich kann nicht sagen, dass irgendeine davon besser wäre als die andere. Wichtig ist allerdings auch hier, dass Sie das Signal nicht überstrapazieren. Pfeifen oder klatschen Sie also ebenfalls nicht mehr als zweimal, sondern versuchen Sie es mit einer anderen Taktik, wenn der Hund dann immer noch nicht kommt. Wie beim Rufen eben.

schnell verstehen und umdrehen. Reagiert er nicht gleich, rufen Sie ihn noch ein zweites Mal. Öfter nicht, um den Namen nicht zu »verschleißen«. Kommt er dann immer noch nicht, versuchen Sie, sich ohne Worte interessant zu machen. Heben Sie, wenn er hersieht, den Arm, gehen Sie in die Hocke, nehmen Sie einen Ast hoch oder ziehen Sie ein Spielzeug aus der Tasche. Wenn Sie sich trauen, können Sie auch einfach ein paar Schritte von ihm weggehen. Hauptsache, Ihr Vierbeiner kommt zurück.

Wenn der Hund verstanden hat, was Sie von ihm wollen und zu Ihnen rennt, müssen Sie ihn ausgiebig loben. Egal wie lang er gebraucht hat: Er bekommt nur schöne Sachen, wenn er zurückkommt. Ausgiebiges Streicheln und liebevolle Emotionen sind in diesem Fall immens wichtig. Selbst Leckerlis finde ich dann in Ordnung, wenn man es nicht übertreibt. Erst wenn entsprechend gelobt wurde, leinen Sie den Hund an und setzen den disziplinierten Spaziergang fort. Wiederholen Sie diese Übung täglich und möglichst an verschiedenen Plätzen. Lassen Sie Ihren Hund, egal ob er noch ein Welpe ist oder schon erwachsen, schnüffeln, sich lösen und / oder ein bisschen die Gegend erkunden (innerhalb ihrer Grenzen) und rufen Sie ihn zurück. So versteht er rasch, was Sie wollen. Ärgern Sie sich nicht, wenn es nicht auf Anhieb klappt. Weil Hunde im Hier und Jetzt leben, verbinden sie unser Verhalten immer nur mit dem aktuellen Moment. Und das hieße hier: Er versteht nicht, dass Sie sauer sind, weil sie so lange warten mussten, sondern denkt, Sie bestrafen ihn dafür, dass er gekommen ist. Warum sollte er da noch einmal kommen?

RÜCKRUF IM ALLTAG

Manche Kunden fragen mich, ob sie die Konditionierung auf den Namen nicht auch zu Hause üben können, damit es draußen besser klappt. Ich finde aber, dass es dafür kein zusätzliches Hometraining braucht. Wenn ein Hund wie ein Familienmitglied bei uns lebt (was ja das Wichtigste für ihn ist und die Voraussetzung für alles andere), kommunizieren wir ohnehin ständig mit ihm und nennen ihn dabei immer wieder bei seinem Namen. Dadurch verbindet er dieses Wort automatisch immer mehr mit sich selbst.

Sie können das allenfalls noch forcieren, indem Sie seinen Namen vor allem dann sagen, wenn Sie etwas Schönes mit ihm machen wollen. Also zum Beispiel, wenn es etwas zu fressen gibt, Sie mit ihm spielen wollen oder Sie ihn »einladen«, zu Ihnen aufs Sofa zu hüpfen. Auf diese Weise lernt er ganz nebenbei, dass es etwas Schönes ist, wenn er auf seinen Namen hört und zu Ihnen kommt, sobald Sie ihn rufen.

»Haben Sie den Namen Ihres Hundes bisher nur benutzt, um mit ihm zu schimpfen, wird er kaum kommen, wenn Sie ihn rufen. In diesem Fall sollten Sie sich ein anderes Signal überlegen.«

Wenn man sich hinkniet und die Arme öffnet, versteht ein Hund die »Einladung« meist recht schnell.

WARTE MAL!

Gut neben seinem Menschen herlaufen ist das eine. Wenn man mit dem Hund unterwegs ist, wird es aber immer wieder auch Situationen geben, in denen man stehen bleibt und wartet – und er das auch tun soll.

Als Hundebesitzer sollten Sie in der Lage sein, Ihren Hund anzuhalten, ihn hinzusetzen oder hinzulegen. Das wird nicht nur Ihnen in bestimmten Situationen den Alltag erleichtern – nämlich immer dann, wenn der Hund irgendwo warten soll. Auch dem Hund hilft das »Gelernte«. Denn er kann dadurch leichter abschalten und sich besser entspannen. Dazu genügt es in meinen Augen nicht, nur kurz einmal den Hintern gen Boden zu bewegen und dann sofort wieder aufzustehen. Denn der Hund hat dann noch nicht verstanden, was er selbst von dem Ganzen hat: Ruhe und das Gefühl von Sicherheit.

Wenn ein Hund sein Frauchen oder Herrchen als Verantwortlichen akzeptiert, wird er sie ohnehin aufmerksam beobachten und sich an ihnen orientieren. Trotzdem: Ein junger Hund wird möglicherweise gerade in dem Moment von irgendetwas abgelenkt, in dem Sie stehen bleiben. Bei einem älteren haben sich vielleicht ein paar Nachlässigkeiten eingeschlichen und er ignoriert, was Sie machen, oder weiß nicht, dass Sie erwarten, dass er auch stehen bleibt, wenn Sie es tun. Häufig hat man dem Hund so ein Verhalten unbewusst antrainiert, weil man, wenn er nicht stehen blieb, eben auch einfach weitergegangen ist. Ein Hund lernt dadurch, dass er nur kräftig genug ziehen muss, damit es weitergeht.

Genauso ist es, wenn sich der Hund zwischendurch hinsetzen oder -legen soll. Wenn man ihm nicht zeigt, wie das geht, lernt er schnell, dass er einfach nur wieder aufstehen muss, nachdem er sich kurz hingesetzt hat, und dann stehen bleiben »darf«. Aber so ein Verhalten kann man ihm aber auch wieder abgewöhnen.

»Stehen bleiben und Warten kann man überall zwischendurch üben: Wenn die Ampel gerade rot ist, man die Auslagen eines Schaufensters betrachtet oder eine Zeitungsschlagzeile liest.«

DAS STEHEN-BLEIBEN ÜBEN

Voller »Körpereinsatz«

Am Anfang versteht Ihr Hund wahrscheinlich nicht immer, dass er stehen bleiben soll, wenn Sie stehen bleiben. In so einem Fall versperren Sie ihm einfach den Weg. Zeigen Sie ihm gleichzeitig mit der Hand als »Stoppschild«, dass es hier erst mal nicht weitergeht. Hat er Sie verstanden und bleibt ruhig stehen, warten Sie noch kurz und gehen dann ohne Kommentar weiter.

Handzeichen

Wenn Sie konsequent üben, genügt nach kurzer Zeit das Handzeichen in Kopfhöhe des Hundes und er bleibt stehen. Auch wenn das klappt, heißt das aber nicht automatisch, dass das Tier nicht irgendwann weitertrotten will. Dann müssen Sie noch einmal deutlich das Handzeichen geben. Wenn Sie konsequent bleiben, wird Ihr Hund irgendwann verstanden haben: Es geht erst dann weiter, wenn Sie es wollen. Nicht vorher.

»Steh!«

Dass Sie unnötiges Ziehen an der Leine vermeiden, wenn Ihr Hund stehen bleibt, sobald Sie es tun, ist das eine. Genauso wie ein Hund Sie womöglich umreißt, wenn er in so einem Moment nicht auf Sie achtet und einfach weiterläuft.

Das andere ist, dass Sie mit einem entsprechenden Signal auch in brenzligen Situationen ein wichtiges Mittel zur Hand haben, um Ihren Vierbeiner zu schützen – beispielsweise wenn Sie ohne Leine mit ihm spazieren gehen und plötzlich wie aus dem Nichts ein Radfahrer oder Auto heranprescht. Oder er in irgendeine andere gefährliche Lage geraten sollte.

In den allermeisten Fällen werden Sie »Steh!« jedoch im wahrsten Sinn des Wortes verwenden: Wenn Sie möchten, dass Ihr Hund kurz stehen bleibt – in Situationen, in denen es sich nicht lohnt sich hinzusetzen. Es bedeutet also in der Regel ganz einfach so viel wie: »Hey, warte mal kurz.«

Sofortiger Stopp
In bestimmten Gefahrensituationen, etwa wenn Ihr Hund einfach über eine Straße laufen will oder ein Radfahrer heranprescht, kann ein deutliches Handzeichen ihn zum Stoppen bringen und so die Situation entschärfen. Auch wenn Sie selbst erschrecken, versuchen Sie ruhig und sicher zu bleiben und ihn klar anzuleiten.

STEHENBLEIBEN ÜBEN

Wie alles andere auch üben Sie das Stehenbleiben am besten in Alltagssituationen und konditionieren Ihren Vierbeiner so darauf, automatisch immer dann anzuhalten, wenn Sie es tun. Bleiben Sie dazu einfach ohne Vorankündigung stehen. Wenn Ihr Hund das nicht gleich bemerkt beziehungsweise nicht auf Ihren Stopp reagiert und weiterzieht, bleiben Sie trotzdem stehen und holen ihn sanft zurück. Ziehen Sie dazu aber

nicht einfach an der Leine (Sie erinnern sich: Zug und Gegenzug). Sie müssen auch keine großen Worte machen. Warten Sie einfach ab, bis sich der Hund wieder auf Sie konzentriert und an Ihnen orientiert. Dann rücken Sie ihn sanft in die gewünschte Position. Steht er bei Ihnen, bleiben Sie noch eine Weile weiter stehen – nutzen Sie diese Sekunden, später vielleicht auch Minuten, um sich zu konzentrieren und zu sammeln, nur dann strahlen Sie die nötige Ruhe und Sicherheit aus – und gehen Sie dann ruhig weiter. Will Ihr Hund schon vorher wieder aufbrechen, holen Sie ihn erneut zurück – so lange, bis er bei Ihnen stehen bleibt. Erst dann hat er verstanden.

Wenn Sie darüber hinaus ein verbales Kommando wie »Steh!«, »Stopp!« oder »Halt!« einführen wollen, müssen Sie das gewünschte Wort immer genau dann aussprechen, wenn der Hund sich in der gewünschten Position befindet. Sagen Sie also nicht »Steh!«, wenn er weiterzieht oder -läuft, und auch nicht, wenn er gerade zu Ihnen zurückkommt. Sagen Sie es genau in dem Moment, wenn er ruhig neben Ihnen steht. Nur so kann er Wort und Handlung richtig miteinander verknüpfen. Und das ist die Voraussetzung dafür, dass er irgendwann auch dann stehen bleiben wird, wenn Sie ihm nur das entsprechende Kommando geben. Dasselbe gilt natürlich auch dann, wenn Sie kein verbales Kommando benutzen wollen, sondern zum Beispiel mit einer Handbewegung oder einem Fingerzeig signalisieren möchten, dass der Hund stehen bleiben soll. Geben Sie in diesem Fall das Zeichen genauso immer in dem Moment, wenn er neben Ihnen steht. Es ist dieselbe Methode für verschiedene Signale.

DAS SITZEN
GANZ NEBENBEI ÜBEN

Instinktives Verhalten nutzen

Nutzen Sie beim Vorbereiten des Futter- oder Wassernapfs aus, dass Ihr Hund sich vermutlich automatisch hinsetzt, wenn Sie die Schüssel hochhalten. Sagen Sie in dem Moment, in dem sein Po nach unten geht »Sitz!« oder machen Sie ein entsprechendes Handzeichen. Damit konditionieren Sie ihn ganz nebenbei. Und weil es dann Futter gibt, braucht er nicht einmal eine Belohnung.

Im Alltag üben

Eine andere Möglichkeit, das Sitzen im Alltag zu üben, ist das Gassisgehen beziehungsweise die Minuten kurz davor. Lassen Sie den Hund sich jedesmal, bevor Sie ihm die Leine anlegen, hinsetzen. Und gleich noch einmal, bevor Sie das Haus verlassen. Auch hier ist Belohnen überflüssig. Denn jetzt geht es ja raus und das ist für Ihren Hund vermutlich sowieso das Tollste – vielleicht sogar noch besser als Fressen.

»Sitz!«

Wenn das Warten einmal länger dauert, zum Beispiel am Geldautomat, wenn Sie unterwegs ein wichtiges Gespräch mit dem Handy führen müssen oder wenn Sie sich selbst irgendwo hinsetzen möchten, können Sie Ihren Hund sich auch hinsetzen lassen. Allerdings müssen Sie das genauso üben wie alles andere auch. Es nützt nichts, wenn Sie ihm ständig »Sitz, sitz!« sagen, solange er nicht weiß, was das überhaupt bedeu-

tet. Das wäre, als wollten Sie einem Portugiesen auf Finnisch erklären, was er tun soll. Er würde Sie vermutlich ebenso ratlos anschauen wie Ihr Hund – und einfach mit dem weitermachen, was er gerade tut.

SITZEN ÜBEN

Ich übe das Sitzen mit meinen Hunden schon von Anfang an und im täglichen Alltag, beispielsweise beim Füttern. Dabei mache ich mir einfach ein ins-

Nachhelfen

Worte nutzen sich sehr schnell ab. Die Folge: Der Hund hört überhaupt nicht mehr auf das, was Sie sagen, selbst bei einem einfachen Kommando wie »Sitz!«. Wenn Ihr Hund sich auf einmaliges Auffordern nicht setzt, helfen Sie daher lieber nach, indem Sie sein Hinterteil kommentarlos sanft nach unten drücken.

tinktives Verhalten des Tieres zunutze: Wenn ich den gefüllten Futternapf nehme, schaut der Hund von sich aus zu mir. Schließlich habe ich etwas, was er auch gern hätte. Halte ich den Napf dann in Brusthöhe vor mir, muss er den Kopf heben, damit er alles im Blick behält – und dabei senkt sich automatisch sein Hinterteil nach unten. Er setzt sich. Genau in diesem Moment sage ich: »Sitz!«. Manchmal sage ich auch gar nichts und mache nur eine Handbewegung. Solange der Hund gelernt hat, dass ein bestimmtes Wort oder Zeichen bedeutet, dass er sich hinsetzen muss, kommt er auch nicht durcheinander, wenn man verschiedene Signale benutzt. Erziehung ist, wie gesagt, eine sehr persönliche Sache. Sie können Ihrem Hund ein klares Kommando beibringen oder ihm zeigen, dass es verschiedene Möglichkeiten gibt.

Ich fange zwar beim Füttern mit dem Sitz-Üben an, warte aber nicht, bis es hier hundertprozentig klappt. Stattdessen baue ich die Übung schon vorher auch in anderen Situationen ein – und zwar immer dort, wo es sinnvoll ist, wenn der Hund sich hinsetzt. Wie gesagt: Hundetraining ist in meinen Augen eine Alltagssache. Genau das ist ja der Knackpunkt bei »meiner« Erziehung. Man trainiert nicht ein paarmal, bis es klappt. Hund und Mensch wachsen zusammen und während dieses Prozesses lernen sie gemeinsam.

Also übe ich zum Beispiel beim Anleinen: Ich nehme die Leine und rufe den Hund zu mir, wenn er nicht ohnehin schon bemerkt hat, was Sache ist. Dann sage ich »Sitz!« und warte, wie er darauf reagiert. Tut er nichts, wiederhole ich das Kommando nicht noch einmal (Sie wissen: Der Portugiese versteht kein Finnisch), sondern benutze wie beim Füttern meine Handsignale. Wenn auch das nicht funktioniert, drücke ich sein Hinterteil sanft mit der Hand nach unten. Steht er einfach wieder auf, drücke ich ihn wortlos erneut nach unten. Wenn der Po nicht mehr auf halbem Weg irgendwo in der Luft bleibt, sondern er schließlich entspannt sitzen bleibt, leine ich ihn an.

Mir ist wichtig, dass der Hund in all diesen Situationen begreift: »Es geht erst weiter, wenn ich ruhig und entspannt bin. Dann setze ich mich halt hin.«

Ein Hund, der gelernt hat, ruhig am Tisch zu sitzen oder zu liegen, ist in Cafés ein gern gesehener Gast.

DIE SITZZEIT VERLÄNGERN

Sich kurz einmal hinzusetzen, lernen Hunde in der Regel relativ schnell. Etwas länger dauert es, bis sie auch mal eine Zeit lang entspannt in dieser Position bleiben. Trotzdem ist das ebenfalls reine Übungssache. Irgendwann sind sie es gewohnt. Lassen Sie Ihrem Hund einfach die Zeit, die er braucht, bis er so weit ist. Üben Sie bis dahin konsequent, damit er versteht, was Sie von ihm erwarten.

Machen Sie es sich und Ihrem Hund dabei nicht unnötig schwer: Ich beobachte zum Beispiel immer wieder Leute, die ihren Hund vor dem Bäcker angebunden haben und alle paar Sekunden aus dem Laden kommen, um ihn wieder in die Sitzposition zu bringen. Dabei kann das gar nicht klappen, allein schon, weil die Menschen selbst immer unruhiger werden. Wie soll da erst der Hund entspannt bleiben?

»Ich versuche beim Üben, so oft es geht, das instinktive Verhalten des Hundes zu nutzen.«

Viel mehr Erfolg werden Sie haben, wenn Sie das Sitzenbleiben zum Beispiel üben, während Sie am Kiosk eine Zeitung oder am Obststand ein paar Äpfel kaufen. Geben Sie das von Ihnen gewählte Kommando für »Sitz!« und helfen Sie eventuell ein wenig nach, indem Sie den Po Ihres Hundes ein bisschen runterdrücken. Dann bestellen Sie Ihre Zeitung oder die Früchte. Will der Hund währenddessen aufstehen, drücken Sie ihn, ohne etwas zu sagen, einfach sanft wieder nach unten – der Kiosk- oder Obststandbesitzer muss davon gar nichts mitbekommen (das entspannt Sie!). Das »Spielchen« machen Sie so lange weiter, bis Sie bezahlt haben. Dann verabschieden Sie sich und gehen ohne Aufregung weiter.

Wenn das klappt, können Sie darauf aufbauen und üben, dass Ihr Hund länger sitzen bleibt – am besten dort, wo Sie ihn immer im Blick haben und selbst nicht dem »Perfektionszwang« erliegen. Leinen Sie ihn zum Beispiel einfach im Park an einer Bank an. Lassen Sie Ihren Hund sich hinsetzen und geben Sie ihm ein Handzeichen, dass er dort bleiben soll. Dann entfernen Sie sich ein paar Meter und warten dort einige Minuten. Vielleicht steht der Hund daraufhin gleich wieder auf. Das macht erst einmal nichts. Manchmal setzt er sich kurz darauf nämlich einfach wieder hin, weil er merkt, dass er angeleint ist. Und wenn er stehen bleibt: Auch egal. Wichtig ist, was er tut, wenn Sie wieder zu ihm zurückkommen. Er soll sich nämlich dann erst einmal wieder hinsetzen. Auch wenn er sitzen geblieben ist und jetzt erfreut aufsteht, muss er sich noch einmal hinsetzen. Warten Sie in aller Ruhe ab, bis er wieder entspannt sitzt. Erst dann binden Sie ihn von der Bank los und gehen gemeinsam weiter.

Besonders leicht tut sich der Hund bei all dem übrigens, wenn Sie das Sitzenbleiben nach einem langen geführten (also disziplinierten) Spaziergang üben. Weil der Hund dann sowieso ein bisschen müde ist, versteht er einfacher, was er tun soll. Es ist für ihn dann etwas ganz Natürliches, sich auszuruhen. Unter Umständen legt er sich dann sogar hin, sodass Sie fließend weiterüben können (siehe nächste Seite).

WENN DER HUND NICHT SITZEN BLEIBT

Es kann verschiedene Ursachen haben, wenn Ihr Hund sofort wieder aufspringt, sobald sein Hinterteil kurz den Boden berührt hat. Vielleicht nimmt er Sie und Ihre Bedürfnisse gerade nicht wahr? Vielleicht ist er aufgeregt, weil er die Übung noch nicht kennt? Oder weil er irgendwo sitzen soll, wo er noch nie war? Dann ist es reine Übungssache. Vielleicht liegt es aber auch an Ihnen, weil Sie gerade nicht entspannt sind, zum Beispiel wenn die Zeit drängt? Dann wäre der erste Schritt, selbst ruhig und sicher zu werden. Vielleicht hat der Hund Schmerzen? Das kann nur der Tierarzt abklären. Versuchen Sie herauszubekommen, was Ihren Vierbeiner stört. Nur so können Sie ihm wirklich helfen, die Aufgabe zu bewältigen, und bekämpfen nicht nur die »Symptome«.

GANZ ENTSPANNT DAS LIEGEN ÜBEN

Auf den Boden locken

Mit einem Stück Schinken oder Käse lässt sich jeder Hund leicht ins Liegen locken. Setzen Sie sich auf den Boden und lassen Sie den Hund sich danebensetzen. Zeigen Sie ihm den Leckerbissen in Ihrer Hand und fahren Sie dann mit der Hand immer weiter nach vorn. Beinahe automatisch wird Ihr Tier die Beine nach vorn rutschen lassen, während die Nase nach vorn geht.

Vertrauen schaffen

Ist der Hund unentschlossen, können Sie zusätzlich Ihre Hand auf seinen Rücken legen und ihm sacht signalisieren, dass es nach unten geht. Wenn er schließlich am Boden liegt, stehen Sie nicht gleich wieder auf, sondern streicheln ihn ruhig und kuscheln ein bisschen. Genießen Sie die Nähe, das tut Ihr Vierbeiner auch. Und lernt dabei ganz nebenbei, dass Sie ihm Ruhe und Sicherheit geben, wenn er sich hinlegt.

»Platz!«

Das Kommando »Platz!« ist für viele Hundehalter die Steigerung von »Sitz!«. Für mich allerdings ist es weniger das Ausführen eines Befehls als ein Zeichen des Vertrauens. Wenn der Hund sich hinlegt, zeigt er mir damit, dass er sich völlig entspannen kann, weil er weiß, dass ich die Verantwortung trage und er sich keinen Kopf machen muss. Das heißt nicht, dass ich der Meinung wäre, »Platz!« zu üben, wäre reine Liebhaberei. Im Gegenteil: Schließlich gibt es immer wieder Situationen, in denen es einfach wichtig ist, dass sich Ihr Hund hinlegt und dabei (zumindest relativ) entspannt bleiben kann. Meiner Meinung nach sollte jeder Hundebesitzer dazu in der Lage sein. Denken Sie nur an den nächsten Tierarztbesuch. Auch bei Konflikten mit Artgenossen halte ich es für das Beste, wenn wir in der Lage sind, dem Hund das Gefühl zu geben, dass er uns vertrauen und sich hinlegen kann (mehr dazu ab Seite 114).

HINLEGEN ÜBEN

Wenn die Beziehung zum Hund stimmt, setzt oder legt er sich eigentlich automatisch hin, wenn man es ihm so sagt, wie man es mit ihm geübt hat. Seien Sie trotzdem nicht enttäuscht, wenn Ihr Hund nicht gleich entsprechend reagiert. Sehen Sie es lieber als Zeichen dafür, dass Sie etwas tun sollten, um Ihre Beziehung zu verbessern und ein echtes Dreamteam zu werden. Je mehr und je öfter Sie Ihrem vierbeinigen Partner zeigen, dass Sie sich bewusst sind, die Verantwortung für ihn zu tragen, umso mehr werden Sie merken, wie er Ihnen vertraut.

Sie können das Hinlegen zusätzlich ganz gezielt üben, und am einfachsten geht das mit einem Stück Schinken oder einem anderen Leckerli, das Ihr Hund besonders gern mag. Halten Sie dieses in der Hand so hoch vor sich, dass sich Ihr Hund hinsetzt. Führen Sie es dann langsam zum Boden, ohne dass der Hund dabei aufsteht. Wenn er das tun will, drücken Sie sein Hinterteil einfach kommentarlos sanft wieder nach unten. Bis er unten bleibt.

Nun ziehen Sie den Leckerbissen am Boden entlang vom Hund weg – er wird daraufhin in den meisten Fällen automatisch seine Vorderbeine nach vorn rutschen lassen und sich hinlegen. Wenn nicht, können Sie auch hier die Hand auf seinen Rücken legen und ihn sanft Richtung Boden schieben. Weil Hunde Körperkontakt lieben, wird er das nicht als unangenehm empfinden. Im Gegenteil, es gibt ihm Sicherheit. Wenn Sie möchten, kombinieren Sie dazu wieder ein Wort wie »Platz!«, »Down!« oder »Runter!« oder ein Handzeichen, damit der Vierbeiner Kommando und Bewegung miteinander verknüpft. Wie beim Sitzen-Üben sollten Sie das Wort jedoch nur einmal wiederholen, damit er sich nicht daran satthört.

Sie können diese Übung sogar noch ausweiten, indem Sie sich zu Ihrem Vierbeiner legen und ihn anfassen. Aber nicht wild wie beim Herumtoben, sondern ganz ruhig und sanft. Dadurch erfährt er besonders intensiv, welche entspannende Wirkung das Sich-Hinlegen hat. Und das prägt sich natürlich ein.

>»Wenn sich ein Hund hinlegt, ist das auch ein Zeichen des Vertrauens.«

Üben Sie das Platz-Machen immer wieder auch bei langen Spaziergängen: Machen Sie eine Pause und setzen Sie sich auf eine Bank, einen Baumstumpf oder einen großen Stein. Oder in eine Bushaltestelle. Geben Sie Ihrem Vierbeiner dann das von Ihnen gewählte Kommando oder Zeichen. Wie beim Länger-sitzen-Lernen nutzen Sie dabei, dass er von der »Arbeit« ohnehin müde ist und sich automatisch ausruhen will. So lernt er, dass es für ihn Sicherheit und Ruhe bedeutet, wenn Sie ihn sich hinlegen lassen. Haben Sie aber Geduld und erzwingen Sie nichts. Vergessen Sie nie, dass diese Übung gleichzeitig sehr gut widerspiegelt, wie es um Ihre persönliche Beziehung steht.

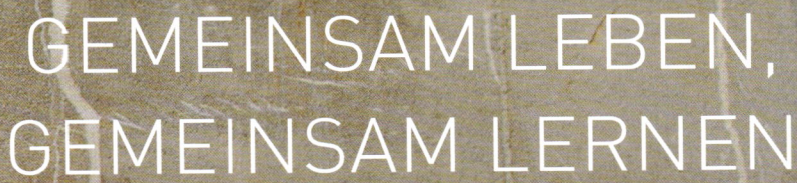

GEMEINSAM LEBEN,
GEMEINSAM LERNEN

Im Alltag können wir unseren Vierbeinern ganz nebenbei vermitteln, was wir von ihnen erwarten und wie sie sich verhalten sollen. Zudem kommt diese Art des Lernens der Natur des Hundes am nächsten.

PROBLEME NICHT TOLERIEREN

Benimmt sich ein Hund nicht so, wie man es sich wünscht, kann das
die Beziehung auf Dauer ziemlich belasten. Daher sollte man Dinge, die
stören, angehen und dem Hund zeigen, wie er es richtig machen kann.

Wenn sich ein Mensch seinem Hund gegenüber von Anfang an als echter Verantwortlicher erweist, wird dieser ihm auch von Grund auf vertrauen und so gut er kann, tun, was von ihm verlangt wird. Je nach individuellem Charakter wird er dabei entweder ganz cool und gelassen bleiben oder auch einmal ein wenig zögerlich, nervös und ängstlich erscheinen. Das ist eine Typfrage. Aber er wird seinem Menschen immer folgen, wenn dieser ihm den Weg zeigt. In so einem Fall kann schon die Basiserziehung ausreichen, dass Herr und Hund glücklich miteinander sind und es keine Probleme gibt. Haben sich im Lauf der Zeit jedoch schon ein paar Missverständnisse und Unarten eingeschlichen und ist der Mensch damit unzufrieden, muss der Hund noch ein bisschen dazulernen.

Individuelle Bedürfnisse

Natürlich hat jede Mensch-Hund-Beziehung ihre eigenen »Baustellen«. Da sich heutzutage jedoch sehr viele Lebensentwürfe und -situationen ähneln, gibt es doch ein paar Dinge, die vermutlich jeder Hund mehr oder weniger oft tun muss und die dennoch vielen schwerfallen, wie Autofahren, Alleinbleiben oder sich anderen Hunden gegenüber souverän zu verhalten. Ich habe daher für dieses Kapitel aus meinem Berufsalltag beispielhaft diejenigen Probleme ausgewählt, wegen der mich die meisten Kunden um Rat fragen, – und die vielen von Ihnen so oder ähnlich ebenfalls nicht unbekannt sein werden:

◆ Man kann den Hund nicht allein zu Hause lassen.
◆ Er fährt nicht gern Auto.
◆ Er hat Probleme mit anderen Hunden.
◆ Er reagiert in ungewohnten Situationen extrem ängstlich.
◆ Er bellt viel.
◆ Es gibt Probleme beim Füttern oder überhaupt mit dem Fressen.
◆ Der Hund scheint nie ausgelastet zu sein.

Man muss keines dieser Probleme akzeptieren – und natürlich auch kein anderes. Von allein wird sich jedoch kaum etwas ändern. Im Gegenteil: Je öfter sich eine Situation wiederholt, umso tiefere Spuren hinter-

Einem ausgeglichenen Hund fällt das Lernen leichter.

DEN NATÜRLICHEN RHYTHMUS NUTZEN

Wie bei der Basiserziehung (siehe ab Seite 37) lernt Ihr Hund auch alle anderen Sachen am schnellsten, wenn Sie das Üben möglichst oft in Ihren gemeinsamen Alltag integrieren.

Besonders rasch werden Sie Fortschritte feststellen, wenn Sie sich dabei auch den natürlichen Rhythmus Ihres Vierbeiners zunutze machen: Üben Sie Dinge, die er mit Ruhe in Verbindung bringen soll, wie Autofahren oder Alleinsein, nachdem Sie zusammen spazieren gegangen sind. Dann findet Ihr Hund von Haus aus schneller in den »Ruhemodus«. Zum einen befindet er sich, wenn Sie beim Gassigehen alles richtig machen, schon in einer ruhigen Position und fühlt sich dadurch sicher und aufgehoben. Zum anderen sagt ihm sein natürlicher Instinkt, dass nach Action erst einmal Entspannung angesagt ist.

SICH ZEIT NEHMEN

Sie ahnen es vermutlich schon: Dinge, die Ihrem Hund schwerfallen, sollten Sie nicht gerade dann üben, wenn Sie unter Zeitdruck stehen, weil Sie zum Beispiel einen wichtigen Termin haben. Denn eines sind Sie dann ganz sicher nicht: entspannt. Dabei ist es wieder einmal Ihre innere Ruhe, die maßgeblich über Erfolg und Misserfolg entscheidet. Je sicherer und ausgeglichener Sie Ihren Hund anweisen und behandeln, desto schneller wird er sich so verhalten, wie Sie es sich wünschen. Weil er nur dann selbst sicher und ruhig werden kann.

lassen sie und werden irgendwann zur Gewohnheit. Soll Ihr Hund sich anders verhalten als bisher, braucht er Ihre Hilfe. Es nützt dabei nichts, wenn Sie ihm sagen, was er falsch macht. Sie müssen ihm auf hundegerechte Weise vermitteln, was er eigentlich tun soll. Was Sie genau von ihm erwarten. Und genau das dann auch gemeinsam trainieren. Drehen Sie die Uhr einfach noch einmal zurück und beginnen Sie, als ob Ihr vierbeiniger Freund noch ein Welpe wäre. Je länger Sie damit warten, desto länger dauert es, bis sich etwas verändert.

»Man kann eine Situation
nur verändern, indem
man sich selbst verändert.«

Erzwingen Sie daher beim Üben nichts. Der Druck und die negative Stimmung sind absolut kontraproduktiv. Ihr Stress überträgt sich nur auf den Hund. Gehen Sie beim Lernen genauso respektvoll mit ihm um wie sonst auch. Verlieren Sie also nicht die Nerven, wenn Sie ein paarmal ein Signal oder Kommando wiederholen und er nicht darauf reagiert. Setzen Sie sich lieber hin, ziehen Sie die Wahrnehmung vom Hund ab und richten Sie sie stattdessen auf sich selbst, auf Ihre eigene Mitte. Versuchen Sie, Ihre innere Ruhe und Sicherheit wiederzufinden. Gelingt Ihnen das, ist es sehr oft so, dass der Hund plötzlich wie umgewandelt ist und ohne eine weitere Aufforderung Ihrerseits tut, was Sie wollen. Ganz einfach weil er Ihre Ruhe und Sicherheit spürt. Und wenn nicht, haben Sie jetzt wieder die Nerven, um noch einmal ganz entspannt von vorn zu beginnen.

Verzweifeln Sie nicht, wenn es einmal nicht funktionieren sollte. Und zweifeln Sie auf keinen Fall an Ihrem Weg. Ein Hund muss nicht immer perfekt sein. Er darf auch Fehler machen. Wie wir selbst auch. Vertrauen Sie auf Ihrer beider Fähigkeiten. Und versuchen Sie es einfach am nächsten Tag wieder. Ich verspreche Ihnen, es lohnt sich.

Die innere Ruhe zu finden und zu bewahren, ist das Wichtigste, was wir Menschen in Hinblick auf die Hundeerziehung lernen müssen.

HUND ALLEIN ZU HAUS

Bleibt ein Hund nicht brav allein zu Hause, jault er ununterbrochen oder verwüstet er die Wohnung, setzt das seinen Zweibeiner gehörig unter Stress. Hier besteht akuter Handlungsbedarf.

Kürzlich rief mich eine völlig verzweifelte Frau an. Sie hatte bereits mehr als die Hälfte ihres Jahresurlaubs aufgebraucht und ihr Hund blieb noch immer nicht allein zu Hause. Zwei Wochen hatte sie eingeplant. Zwei Wochen, in denen sie rund um die Uhr für das neue Familienmitglied da sein wollte, damit es sich an alles gewöhnen konnte. Sie wollte ihm schließlich genug Zeit geben, sich in seinem neuen Heim wirklich zu Hause zu fühlen. Das würde reichen, hatte der Züchter ihr versichert. Schließlich sei der Welpe alt genug, seine Mutter wäre auch schon lang nicht mehr immer bei ihm. Es wäre daher in Ordnung, wenn sie einen halben Tag im Büro wäre.

In den vierzehn freien Tagen klappte auch alles wie am Schnürchen. Die erste Nacht schlief die Frau neben dem Welpen auf dem Sofa, damit er sich nicht so allein fühlte. Wenn die Kinder und der Mann morgens das Haus verließen, um zur Schule und zur Arbeit zu gehen, hielt sie sich, wie sie es gelesen hatte, an einen festen Rhythmus: Sie spielte mit dem Welpen, dann gab es Futter, sie gingen raus, damit er sein Geschäft erledigen konnte, anschließend durfte er ein

bisschen schlafen, während Frauchen neben ihm auf dem Sofa in Ruhe die Zeitung las … Es war wirklich wie Urlaub. Am Nachmittag tobten dann die Kinder mit dem Hund, abends machte das Herrchen die ersten Gassigehversuche mit ihm. Alles verlief nach Plan. Sogar stubenrein war der Welpe nach ein paar Tagen. Jeder war zufrieden und das Leben mit Hund genau so, wie es sich die Familie erträumt hatte.

Bis zu jenem Montag, an dem auch die Frau wieder ins Büro musste. Als sie mittags nach Hause zurückkam, traute sie ihren Augen nicht: Der Hund hatte das schöne Sofakissen zerfetzt, den Zeitungskorb angenagt und auf dem Teppich waren zwei Pipipfützen. Das Spielzeug, das die Frau ihm in sein Körbchen gelegt hatte, als sie ging, lag dagegen immer noch unberührt da. »Ich dachte, mich trifft der Schlag«, erzählte sie mir. »Aber weil in den Wochen davor alles so gut geklappt hatte, hoffte ich, es wäre vielleicht ein Ausrutscher und am nächsten Tag würde es schon besser.« Also ermahnte die Frau am Morgen darauf den Hund, schön brav zu sein und kam extra eine Stunde früher aus dem Büro heim. Der Teppich war zwar diesmal trocken geblieben, aber die Fernbedienung hatte der Vierbeiner trotzdem schon kaputt gemacht. Sie bat dann ihren Chef erst mal um ein paar weitere Tage Urlaub.

Nach einer Woche unternahm die Frau einen zweiten Versuch, der jedoch ebenso scheiterte wie die beiden vorhergegangenen. Um etwaigen Unpässlichkeiten vorzubeugen, hatte sie den Hund zwar diesmal in der Wohnküche gelassen, weil dort der Boden gefliest war und nicht so viel auf seiner Augenhöhe herumlag. Aber er hatte trotzdem etwas gefunden, an dem er sich vergehen konnte: die Stuhlbeine.

»Ich glaube langsam, er macht das absichtlich, um mich zu bestrafen. Dabei habe ich doch eh schon ein schlechtes Gewissen, dass ich nicht den ganzen Tag bei ihm sein kann«, klagte die Frau. »Was mach ich nur, wenn ich keinen Urlaub mehr habe und er immer noch nicht allein bleiben will?«

Hier war wirklich Not am Mann. Zunächst versuchte ich daher meine neue Kundin zu beruhigen, indem ich ihr vor Augen führte, wie viel sie bereits geschafft hatte. Sie hatte eine gute Bindung zu ihrem Hund aufgebaut und ihm so viel Sicherheit geschenkt, dass er sich in ihrem Beisein geborgen fühlen konnte. Er lief schon ganz passabel an der Leine und war stubenrein. Und das alles nach den paar Wochen.

Was sie nun tun musste, war, gezielt mit ihm das Alleinsein zu üben. So wie sie ihm gezielt beigebracht hatte, nur draußen sein Geschäft zu erledigen. Dann bräuchte sie auch kein schlechtes Gewissen mehr zu haben, den Hund allein zu lassen, während sie arbeiten ging. Denn wenn er erst einmal gelernt hätte, dass ab und zu (oder regelmäßig) Alleinsein ganz normal ist, wäre er dadurch nicht mehr verunsichert, sondern würde sich sogar wohlfühlen. Weil er sich in der Zeit allein zu Hause ausruhen könnte.

BLINDE ZERSTÖRUNGSWUT?

Dass Welpen auf allen möglichen Dingen herumkauen, ist völlig normal und hat nichts damit zu tun, dass sie uns bestrafen wollen, weil wir sie allein lassen (siehe auch Seite 47). Sie sollten daher in den ersten Wochen und Monaten prinzipiell keine wertvollen Dinge herumliegen lassen, egal ob Schuhe, Bücher oder technische Geräte.

Wenn ältere Hunde etwas kaputt beißen, ist das oft ein Hinweis darauf, dass sie von einer Situation gestresst sind. Denn Kauen beruhigt. In diesem Fall sollten Sie Ihren Hund artgerecht besser auf das Alleinbleiben vorbereiten: indem Sie vorher einen längeren Spaziergang mit ihm unternehmen und ihm mehr Ruhe schenken. Eventuell haben Sie ihn aber auch noch nie richtig ans Alleinbleiben gewöhnt. In diesem Fall müssen Sie ihm wie einem Welpen Schritt für Schritt zeigen, wie das geht.

Alleinsein muss geübt werden

Wenn ein junger Hund ins Haus kommt, ist er es erst einmal nicht gewohnt, allein zu sein. Bisher hatte er immer seine Mutter und seine Geschwister um sich, außerdem den Züchter oder die Menschen, bei denen er zur Welt kam. Zwar überlässt eine Hündin ihren Nachwuchs ab und zu sich selbst, aber selbst dann sind noch immer die Welpen zusammen. Alleinsein ist für einen Hund also zunächst überhaupt nichts Natürliches. Er kennt es nicht.

Ungefähr mit sechs bis sieben Wochen sucht der Hund dann ganz gezielt die Nähe des Menschen. Er braucht das für seine Entwicklung. Wenn Sie Glück haben, wuchs Ihr Hund bei verantwortungsvollen Menschen auf, die ihn schon in dieser frühen Zeit gefördert, ihm möglichst viel von der Welt gezeigt und ihn mit den verschiedensten Dingen und Situationen konfrontiert haben.

So gesehen ist es nur normal, dass ein Welpe immer mit uns zusammen sein möchte. Weil sich das aber nur in den allerseltensten Fällen mit unserem modernen Alltag vereinbaren lässt – wir können heute den Hund einfach nicht überall mit hinnehmen –, müssen wir ihm beibringen, auch einmal allein zu bleiben. Abgesehen davon ist es auch für den Vierbeiner wichtig, dass er allein sein kann. Würde er uns immerzu folgen, käme er gar nicht dazu sich auszuruhen. Dabei ist genau dieses Zur-Ruhe-Kommen eine wichtige Voraussetzung für einen ausgeglichenen Hund. Es ist daher unsere Pflicht, unseren Hunden verständig und respektvoll zu zeigen, dass sie durchaus auch allein

So entspannt können Hunde das Alleinsein genießen, wenn man es ihnen als etwas ganz Normales zeigt.

Hunde brauchen viel mehr Schlaf, als die meisten denken. Die Auszeit allein ist eine tolle Gelegenheit dafür.

bleiben können, ohne sich deshalb verlassen und unsicher fühlen zu müssen. Am besten schiebt man das Üben gar nicht lang vor sich her.

Wie meine Kundin nehmen sich viele frischgebackenen Hundebesitzer erst einmal ein paar Wochen frei, wenn ein Welpe ins Haus kommt, damit er sich in Ruhe eingewöhnen und Schritt für Schritt an den neuen Alltag gewöhnen kann. Und weil das Alleinbleiben genauso zum Alltag gehört wie das Gassigehen, Füttern oder Spielen, ist es wichtig, dem Hund schon in dieser Zeit zu zeigen, dass man nicht immer bei ihm sein wird. Genau das aber hatte meine Kundin leider versäumt.

1. SCHRITT: DU MUSST MIR NICHT STÄNDIG HINTERHERLAUFEN

Natürlich bedient man sich nicht der Hau-Ruck-Methode, um dem Hund das Alleinbleiben beizubringen, sondern geht dabei Schritt für Schritt vor – nicht nur beim Welpen, sondern auch dann, wenn ein erwachsener Hund bisher nicht gelernt hat, allein zu sein. Man muss es ihm nämlich dann genauso beibringen wie einem Welpen. Ich mache das so:

Gleich in den ersten Stunden und Tagen zeige ich dem Hund, wo sein Platz ist und mache ihm die ersten Male klar, wo er nicht hin soll (siehe auch ab Seite 45). Es ist auch wichtig, dass er merkt, dass wir uns weiter bewegen, während er auf seinem Platz ist. Und dass er uns dann nicht folgen braucht. Es ist zwar normal, dass er das zunächst tut. Man sollte es aber nicht zulassen. Ich versichere Ihnen: Es mag am Anfang noch

lustig sein. Aber spätestens wenn Sie nicht einmal mehr allein ins Bad gehen können, ohne dass Ihr Vierbeiner sich mit dazuquetscht oder jämmerlich vor der Türe jault, hört der Spaß auf. Ganz abgesehen davon, dass es dem Hund schadet, weil er ständig unter Spannung steht, wenn er ununterbrochen beobachten muss, was Sie machen. Tagsüber tendieren seine Ruhephasen dadurch gegen Null – und das tut ihm nicht gut. Und Ihrer Beziehung auch nicht.

Wie so oft, kann ich beim Alleinsein-Üben den natürlichen Rhythmus meines vierbeinigen Freundes nutzen: Wenn er gespielt hat und / oder spazieren gegangen ist, sein Futter bekommen hat und draußen sein Geschäft erledigen konnte, sagt ihm sein natürlicher Instinkt, dass jetzt Zeit für eine Ruhepause ist. Ich bringe ihn daher auf seinen Platz und warte, bis er sich dort entspannt niedergelassen hat. Dann fange ich an, mich ein wenig im Raum zu bewegen. Der Hund würde mir auch jetzt gerne folgen. Allerdings ist er gerade – wenn ich genug mit ihm unternommen habe – schlicht und einfach zu müde dazu. Vermutlich folgt er anfangs jedem meiner Schritte wenigstens noch mit den Blicken. Aber bald ist ihm auch das schon zu viel. Und so nimmt er hin, dass es normal ist, wenn ich etwas mache und er nur daliegt. Und irgendwann einfach einschläft.

Der Hund muss also zuerst einmal lernen, die Grenzen, die ich ihm setze, zu akzeptieren. Tut er das, kann ich den Radius erweitern. Ich verlasse dann auch mal den Raum, gehe in ein anderes Zimmer oder hantiere irgendwo herum, wo der Hund mich zwar noch hören, aber nicht sehen kann.

DEM HUND GRENZEN SETZEN

Nicht hinlassen

Wenn es einen Ort oder Raum gibt, an dem sich Ihr Hund generell nicht aufhalten soll (bei mir ist das zum Beispiel die Terrasse am Eingang), machen Sie ihm das von Anfang an klar, indem Sie ihn sanft verscheuchen. Versperren Sie ihm den Weg und machen Sie deutlich, dass dies Ihr Territorium ist. Schon Welpen verstehen so eine Körpersprache instinktiv.

Für Entspannung sorgen

Irgendwo nicht hinzukönnen, ist keine Strafe. Zeigen Sie das Ihrem Hund, indem Sie ihn sich hinsetzen oder -legen lassen. Warten Sie wieder bei ihm ab, bis er ganz ruhig ist und gehen Sie dann dorthin, wo er nicht hindarf. Auf diese Weise lernt der Vierbeiner, dass er sich jenseits der Grenze entspannen kann – hier ist ein guter Ort für ihn, auch wenn Sie gerade woanders sind. Warum sollte er dann überhaupt weiterwollen?

Bei sehr lebhaften Welpen, die partout nicht einsehen wollen, dass sie mir nicht ständig hinterherlaufen müssen oder es nicht »ertragen«, wenn ich aus dem Zimmer gehe, empfehle ich für die Ruhephasen ein Babygitter in der Tür oder einen Laufstall, in dem man einen schönen Ruheplatz herrichtet. Beides setzt ihnen zu der imaginären Grenze (auf den Platz zurückbringen, wenn er mir nachläuft) eine noch deutlichere, räumliche Grenze. Die man nach einer Weile dann weglassen kann.

Wenn der Hund hinter dem Babygitter jault, bleibe ich stehen und warte, bis er sich beruhigt hat. Das ist sein Zeichen, dass er die Grenze akzeptiert. Erst dann erweitere ich den Radius.

2. SCHRITT: DU KANNST ALLEIN SEIN

Wenn der Hund sich daran gewöhnt hat, dass er mir nicht ständig folgen muss – ein erster großartiger Lernerfolg – starte ich mit der nächsten Stufe. Genau wie beim Nicht-Folgen sollte er dazu rechtmäßig müde sein. Was nun kommt ist aber neu für ihn: Nachdem ich das Tier auf seinen Platz geschickt habe, verlasse ich ohne Aufsehen – also ohne mich zu verabschieden oder nochmals nach dem Hund zu schauen – nicht nur das Zimmer, sondern gleich das Haus. Kurz danach kehre ich zurück, als sei nichts geschehen. Zunächst genügen ein paar Sekunden, in denen ich zum Beispiel den Müll rausbringe oder die Post reinhole. Ich weite diese Zeitspanne aber wieder zügig aus. Hole erst Semmeln beim Bäcker, drehe dann eine Runde um den Block – bis ich schließlich eine Stunde und länger wegbleibe – natürlich nur in dem Rahmen, wie der Hund stubenrein ist. Ein Welpe muss schließlich anfangs alle ein bis zwei Stunden nach draußen zum Pinkeln. Das ändert sich aber auch bald. Idealerweise üben Sie immer zur gleichen Zeit, denn eine gewisse Routine macht es dem Hund noch einfacher, sich an den neuen Umstand zu gewöhnen. Keine Sorge: Das bedeutet nicht, dass man ihn später nur zu dieser Uhrzeit allein lassen kann. Wenn er gewohnt ist, allein zu bleiben und weiß, dass sein Mensch verlässlich wiederkommt, ist es ihm egal, ob der das Haus um neun Uhr in der Früh verlässt oder um neun Uhr abends. Es ist ihm auch egal, wenn er jeden Tag zu unterschiedlichen Zeiten allein bleiben soll. Denn wenn man ihn auf meine Art daran gewöhnt hat, kann er sich sicher sein: Es ist absolut nichts Besonderes, wenn Frauchen oder Herrchen weggehen. Sie kommen immer wieder. Wenn Ihr Hund das gelernt hat, ist es in meinen Augen auch in Ordnung, wenn Sie sich von ihm verabschieden (ohne ihn aufzure-

gen). Bis es so weit ist, würde ich jedoch empfehlen, nichts zu ihm zu sagen.

Bei meiner neuen Kundin bedurfte es im Grunde nur noch dieses zweiten Schritts, damit ihr Hund sich auch allein zu Hause wohlfühlte. Sogar der Teppich blieb trocken, der Hund war ja stubenrein. Es war nur die Aufregung und Unsicherheit, die ihn das »vergessen« ließ. Innerhalb von Tagen schaffte die Frau es so, für klare Verhältnisse zu sorgen. Seitdem kann sie morgens ohne schlechtes Gewissen zur Arbeit gehen und entspannt nach Hause zurückkehren. Ihr Hund verschläft derweil ganz gemütlich den Vormittag.

Zurückkommen

Ein ganz wichtiger Faktor dafür, dass Ihr Hund das Alleinsein als etwas absolut Normales ansieht, ist, dass Sie auf die richtige Art und Weise nach Hause zurückkommen. Die Rückkehr sollte genauso ungewöhnlich sein wie das Weggehen, egal ob Sie nur 30 Sekunden weg waren, 45 Minuten oder fünf Stunden.

Das heißt keinesfalls, dass Sie Ihren Hund nicht begrüßen dürfen. Er selbst wird das schließlich auch tun, und das ist ein völlig normales, natürliches Verhalten. Er freut sich, dass Sie wieder bei ihm sind, auch wenn es ihm nichts ausmacht allein zu sein. Und er zeigt das, indem er auf Sie zukommt, an Ihnen schnuppert, mit dem Schwanz wedelt. Genauso würde er in einem Hunderudel seinen Anführer begrüßen. Und der würde daraufhin nicht viel mehr machen, als einfach da zu sein und so ruhig und sicher wie immer

DEN HUND RICHTIG BEGRÜSSEN

Platz für sich beanspruchen

Es gibt Hunde, die lassen ihre Frauchen oder Herrchen gar nicht erst reinkommen, wenn sie nach Hause kommen. In diesem Fall rate ich, unaufgeregt am Hund vorbei nach drinnen zu gehen und ihn gleichzeitig daran zu hindern, sich nach draußen zu quetschen, zum Beispiel durch eine »Stopp-Hand« oder ein Bein. So zeigen Sie, dass der Raum an der Tür Ihnen gehört.

Nicht bedrängen lassen

Bedrängt der Hund Sie, »antworten« Sie auf seine Aufregung mit Ruhe. Bleiben Sie einfach stehen, ohne auf ihn einzugehen oder halten Sie ihn durch ein deutliches Signal mit den Händen auf Abstand. Alles andere würde ihn nur noch zusätzlich »anheizen«, genauso übrigens, wie wenn Sie sein Verhalten einfach ignorieren würden. Ganz wichtig also: Aufgeregtes Verhalten nicht ignorieren, sondern gelassen und ruhig darauf reagieren.

signalisieren, dass alles in Ordnung ist. Weil er da ist. Damit es auch bei Ihnen so entspannt zugeht, gilt es ein paar Dinge zu beachten.

ZU VIEL AUFREGUNG IST NICHT GUT

Ist der Hund sehr aufgeregt, springt er an Ihnen hoch und / oder bedrängt er Sie regelrecht, heißt das nicht, dass er sich ganz besonders freut, auch wenn das viele Menschen meinen. Es ist vielmehr ein Zeichen, dass

er gerade aufgeregt, also verunsichert ist. Vermutlich konnte er, während Sie weg waren, nicht richtig entspannen, sondern hatte das Gefühl, allein die Stellung halten und an Ihrer statt die Verantwortung für alles übernehmen zu müssen. Das, was wir als übermäßige Freude fehlinterpretieren, ist in Wahrheit also aufgeregtes Verhalten. Und dieses verstärkt man unbewusst noch, wenn man falsch reagiert – etwa wenn man dem Hund wild durchs Fell wuschelt oder aufgeregt auf ihn einredet. Weil wir uns so freuen, weil er sich

Hallo sagen

Erst wenn sich der Hund beruhigt hat, ist Zeit für die Begrüßung. Dadurch lernt er: Je ruhiger ich bin beziehungsweise, je schneller ich mich beruhige, desto eher wird gekuschelt. Passen Sie aber auf, dass Sie ihn nicht gleich wieder wild machen, etwa durch wildes Durchs-Fell-Fahren. Das wäre kontraproduktiv.

gewiesen und ungeliebt fühlt. Es hilft ihm vielmehr, selbst wieder ruhig und sicher zu werden. Weil Sie »sagen«, dass Sie das nicht dulden. Und wenn er sich beruhigt hat, ist immer noch Zeit für eine nette Begrüßung, ohne ihn dabei aufs Neue aufzuregen. Ein ruhiger, sicherer und verantwortungsbewusster Hundebesitzer zu sein bedeutet schließlich nicht, dass man dem Hund seine Zuneigung nicht zeigen dürfte. Es kommt aber immer auf den richtigen Moment an. Wenn der Hund gerade nicht ausgeglichen und entspannt ist, kann er das Ganze nicht genießen. Mehr noch: Sie setzen ihn mit Ihrer Liebe sogar unter Stress und belasten dadurch Ihre Beziehung.

Wenn Sie dagegen so nach Hause kommen, wie ich es gerade beschrieben habe, endet das Alleinsein genauso wie es begonnen hat: absolut unaufgeregt. Ganz normal eben.

doch so »freut«. Ganz abgesehen davon, dass man ihn, indem man ihn zusätzlich »anheizt«, die Information gibt, dass er sich aufregen soll, wenn wir da sind. Dabei wollen wir doch genau das Gegenteil. Was ein aufgeregter Hund dringend braucht, ist Ruhe und Sicherheit. Zeigen Sie ihm daher deutlich, dass Sie so ein Benehmen nicht dulden, indem Sie nicht ausweichen, sondern die flache Hand wie ein Stoppschild benutzen und / oder ihn sanft zurückschieben. Sie müssen nicht befürchten, dass er sich dadurch ab-

---

NICHT EINFACH IGNORIEREN

Es gibt Leute, die empfehlen, den Hund zu ignorieren, wenn er aufgeregt ankommt, um ihm so zu zeigen, dass wir sein Verhalten nicht für gutheißen. Ich halte diesen Rat für falsch. Stattdessen sollten Sie ihm ruhig und sicher mit entsprechender Körpersprache eine Grenze setzen. Wie das genau geht? Stellen Sie sich einfach vor, ein dreijähriges Kind würde mit schokoladeverschmierten Händen und Mund auf Sie zustürmen? Was würden Sie da machen?

HERAUSFORDERUNG AUTO FAHREN

So gut wie jeder Hund muss irgendwann einmal Auto fahren. Wenn man ihm nicht zeigt, wie er sich dabei entspannen kann, kann so eine Fahrt schnell einmal zum Albtraum werden – für Mensch und Tier.

Ich habe von Hunden gehört, die so gern Autofahren, dass sie in jeden Wagen mit geöffneter Heckklappe hüpfen. Angeblich haben manche sogar schon weite Strecken zurückgelegt, weil der Fahrer erst bei der Ankunft bemerkte, dass er einen blinden Passagier an Bord hatte. So sehr genoss der Hund die Fahrt – in aller Ruhe und ohne auch nur einen einzigen Mucks von sich zu geben.

Egal, ob diese Erzählungen stimmen oder nicht: Würde ich das einigen meiner Kunden erzählen, sie hätten wohl nur ein müdes Lächeln für mich übrig. Denn es gibt leider viel mehr Hunde, die so wenig Freude am Autofahren haben, dass jede Strecke eine regelrechte Zerreißprobe für die Beziehung wird. Erst neulich bat mich ein Mann um Hilfe, dessen Basset-Hündin sich schlicht und ergreifend weigerte, ins Auto zu steigen. Anfangs hatte er noch versucht, sie ins Auto zu heben. Aber ehe er die Tür schließen konnte, war das Tier schon wieder herausgesprungen. Weder Zureden noch Schimpfen half, was darauf hinauslief, dass der Mann allein fuhr und der Hund zu Hause blieb. Das mag auf den ersten Blick vielleicht nicht allzu proble-

matisch erscheinen, solange es zum Beispiel ums Einkaufen geht. Aber der Hund musste auch daheim bleiben, wenn mein Kunde seine Eltern oder Freunde besuchen wollte. Er musste also immer nach ein paar Stunden wieder nach Hause, weil der Hund dort auf ihn wartete. Nachdem er schließlich seinen dritten Urlaub in Folge in den eigenen vier Wänden verbracht hatte, war die »Schmerzgrenze« erreicht. Irgendetwas musste geschehen.

Bei unserem ersten Treffen erzählte mir der Mann, dass sich seine Hündin, als er sie vom Züchter nach Hause brachte, auf der Fahrt mehrmals übergeben musste. Und dass er vermutete, dass sie diese Fahrt regelrecht traumatisiert habe – zumal der Hund durch sie für immer von seiner Mutter und den Geschwistern getrennt wurde. Ich antwortete, dass viele Hundebesitzer mit ähnlichen Problemen die erste »misslungene« Autofahrt als Auslöser für die Schwierigkeiten betrachten. Und fügte hinzu, dass es aber mindestens ebenso viele Fälle gäbe, in denen Hunde gerne Auto fahren, obwohl ihnen auf der ersten Fahrt schlecht wurde und obwohl man auch sie aus ihrem

Autofahren kann so entspannend sein. Voraussetzung ist, dass der Hund es richtig gelernt hat.

gewohnten Umfeld gerissen hatte. Und dass seine Hündin das Auto nicht deshalb boykottierte, weil sie sich an diese Trennung erinnerte, sondern weil es ihm nicht gelang, dem Tier die Ruhe und Sicherheit zu schenken, die nötig ist, damit Autofahren etwas völlig normales für es wird.

Selbstverständlich ist es für einen Hund erst einmal ungewohnt, Auto zu fahren. Es riecht seltsam darin, es wackelt, macht ungewohnte Geräusche … Gerade deshalb ist es wichtig, dass wir ihm das Gefühl geben, dass er nicht unsicher sein muss. Dieser Mann jedoch hatte die ohnehin schon angespitzte Situation durch seine eigene Hektik, sein Flehen und Schimpfen noch schlimmer gemacht und damit die Unsicherheit des Tieres immer weiter verstärkt. Bis irgendwann gar nichts mehr ging.

Bitte einsteigen!

Wenn Ihr Hund nicht gern ins Auto einsteigt, ist das Wichtigste, dass Sie selbst entspannt sind – und es auch dann bleiben, wenn es nicht gleich auf Anhieb klappt. Nur wenn Sie selbst sicher auftreten, kann Ihr Hund das Gefühl haben, dass Sie die Lage unter Kontrolle haben und er sich Ihnen anvertrauen kann.

Denn Sie vermitteln ihm durch Ihr Verhalten, dass er nicht verunsichert sein muss, weil Sie wissen, dass ihm nichts passieren wird. Und das gibt ihm die Chance, ebenfalls gelassen zu bleiben.

Dann geht es los: Wenn irgend möglich, sollte der Hund das Gefühl haben, selbst ins Auto zu steigen. Heben Sie ihn also nicht hinein, sondern motivieren Sie ihn, selbst aktiv zu werden. Sie können ihm beim Einsteigen mit der Hand ein Zeichen geben oder mit einem Spielzeug oder Leckerli in den Wagen locken. Aber bitte nicht, indem Sie ihn aufregen und damit vor seiner Nase herumfuchteln, vielleicht noch begleitet von wiederholtem »Schau doch mal, was ich hier

AUTOFAHREN HEISST AUSRUHEN

Am einfachsten üben Sie das Autofahren nach einem disziplinierten Spaziergang. Dann ist der Hund müde und fällt automatisch in den »Ruhemodus«. Ist der Hund während der Fahrt trotzdem noch sehr aufgeregt, war der Spaziergang vermutlich einfach nicht lang genug. Drehen Sie daher beim nächsten Mal eine größere Runde. Powern Sie Ihren »Partner« aber nicht einfach nur körperlich aus. Er muss im Kopf müde werden. Wenn er sich dann anschließend im Auto ausruhen kann, wird Autofahren als Ruhephase konditioniert – das geht in der Regel recht schnell und Sie haben keine Probleme mehr. Und Ihr Hund auch nicht.

Hereinspaziert! Wenn Hunde gern Autofahren, ist es ihnen auch egal, wenn es einmal enger wird.

SO STEIGT DER HUND GERN INS AUTO EIN

Zeichen geben

Ein deutliches Handzeichen, gern auch kombiniert mit einem kurzen Kommando wie »Hopp!« sollte genügen, damit der Hund ins Auto springt. Besonders unsicheren Tieren hilft auch, wenn Sie mit der Leine die Richtung anzeigen. Das Wichtigste aber ist, dass Sie selbst nicht ungeduldig werden. Denn erzwingen können Sie nichts.

Kleinen Hunden helfen

Ist das Auto zu hoch oder hat der Hund zu kurze Beine, können Sie ihm helfen, indem Sie seine Pfoten auf den Rand stellen und ihn dann von hinten »hochschieben«. Dadurch simulieren Sie das Gefühl, selbst einzusteigen. Das ist wichtig, damit er den Prozess des Platzwechsels spürt. Und er hat nicht das Gefühl, komplett den Boden unter seinen Füßen zu verlieren. Das würde ihn vermutlich eher verunsichern und unruhig machen.

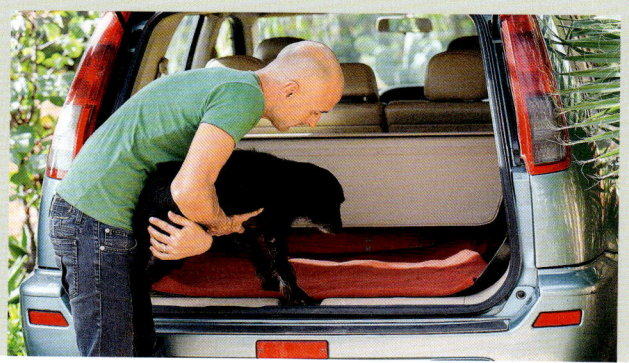

habe. Jetzt komm schon. Schau doch …« Sondern indem Sie es einfach gut sichtbar vor ihm mit der Hand ins Auto lenken. Wenn Ihr Hund sich gut an der Leine führen lässt, können Sie mit der Leine die Richtung angeben, in die es gehen soll (siehe Seite 66). Egal, für welche Methode Sie sich entscheiden: Machen Sie Ihrem Hund durch Ihr entschiedenes und klares Verhalten deutlich, was Sie von ihm wollen. Wenn Sie ungeduldig werden, merkt er sofort, dass Sie nicht mehr ruhig und sicher sind und verweigert sich erst recht.

Ist der Hund im Auto, können Sie ihn kurz loben, indem Sie ein paar beruhigende Worte sagen oder ihn streicheln – leise und unaufgeregt, damit er nicht gleich wieder unruhig wird. Schließen Sie die Klappe oder Tür erst, wenn er ganz ruhig ist. Ich selbst setze mich bei meinen Welpen, wenn sie das Autofahren lernen, anfangs immer noch kurz an den Rand der Ladefläche und warte, bis sie sich hinsetzen oder -legen, und mir damit signalisieren, dass sie nicht mehr aufgeregt sind. Wenn es so weit ist, stehe ich ru-

Zeit zum Beruhigen geben

Ist der Hund noch aufgeregt, setzen Sie sich zu ihm. Das kennt er von der Platzeingewöhnung (siehe Seite 48) und hilft ihm sich zu beruhigen. Sie können gern Ihre Hand auf seinen Rücken legen oder ihn streicheln. Nehmen Sie sich Zeit: Erst wenn der Vierbeiner ganz ruhig ist, stehen Sie auf und schließen die Klappe.

eine Garantie dafür ist, dass das Theater nicht sofort wieder losgeht, sobald Sie weiterfahren. Abgesehen davon, dass das Chaos im Wagen gefährlich werden kann, weil der Fahrer sich nicht voll auf den Verkehr zu konzentrieren vermag, schadet es auf Dauer auch der Beziehung. Der Hund wird sich nicht sicher fühlen und der Mensch wird ihn immer öfter zu Hause lassen, um unnötigen Stress zu vermeiden. Beides entfremdet Sie voneinander.

> »Schließen Sie die Heckklappe erst, wenn der Hund ganz ruhig ist. Auch dadurch geben Sie das Signal: Jetzt ist Ruhe angesagt.«

hig auf und schließe die Heckklappe. Das geht genauso gut, wenn der Hund auf der Rücksitzbank mitfährt.

Gute Fahrt!

Oft ist das Einsteigen aber nicht das einzige Problem. Es gibt Hunde, die sich während der Fahrt derart echauffieren, dass die Besitzer anhalten müssen, um sie zu beruhigen. Was jedoch in den seltensten Fällen

Hunde, die während der Autofahrt sehr aufgeregt sind, haben nicht gelernt, dass die Fahrt eine Möglichkeit für sie ist, zur Ruhe zu kommen. Daher muss man ihnen zeigen, dass sie im Auto genauso abschalten können, wie auf ihrem Platz zu Hause. Am einfachsten gelingt dies, wenn Sie vor dem Autofahren mit dem Hund diszipliniert spazieren gehen. So machen Sie sich seinen natürlichen Rhythmus zunutze, denn nach dem Spaziergang stellt sich bei ihm automatisch das Bedürfnis nach einer Ruhephase ein. Um den Entspannungsmodus zu fördern, ist es darüber hinaus ratsam, dem Hund im Wagen nicht allzu

SCHRITTWEISE AN DIE TRANSPORTBOX GEWÖHNEN

In die Box locken

Setzen Sie sich neben die Box und rufen Sie Ihren Hund zu sich. Dann locken Sie ihn in die Box, indem Sie Ihre Hand hineinhalten, eventuell auch mit einem Spielzeug oder einem besonderen Leckerli. Hat der Hund eine gute Verbindung zur Leine, könen Sie ihn auch damit in die Box führen. Wichtig ist, dass er freiwillig hineingeht. Nachhelfen ist erlaubt, zu viel Druck nicht.

Entspannen lassen

Lassen Sie die ersten Tage die Tür noch offen, wenn es sich der Hund in der Box gemütlich gemacht hat. Das Wichtigste ist erst einmal, dass er darin absolut entspannt ist. Wenn Sie die Tür zu früh schließen, verunsichert ihn das und verzögert das Lernen. Erst wenn Sie das Gefühl haben, die Box ist für Ihren Hund nichts Besonderes mehr, schließen Sie sie – erst nur kurz, dann immer länger. Bis auch das für ihn ganz normal ist.

viel Platz zur Verfügung zu stellen. Natürlich muss er sich bequem hinsetzen oder -legen können. Wenn er jedoch zu viel Freiraum hat, macht ihn das eher unruhig. Daher empfehle ich, einen Hund anzuleinen oder mit einem speziellen Gurt zu sichern. Das verhindert zudem, dass er einfach aus dem Auto springt, wenn Sie die Tür öffnen, und sichert ihn gleichzeitig im Falle eines Unfalls.

Wenn Ihr Hund im Auto Probleme hat (und macht), ist es auch nicht ratsam, wenn er zu viel von der Welt um sich herum mitbekommt. Man könnte zwar meinen, er hätte dann alles besser im Blick und könnte dementsprechend beruhigt sein. Doch leider ist genau das Gegenteil der Fall. Wenn er zu viel sieht, regt er sich schnell auf oder ihm wird schwindelig. Und das macht ihn zusätzlich unruhig. Ich würde in so einem Fall empfehlen, auf der Rückbank oder im Laderaum eine »Höhle« zu bauen, in der es für den Hund einfacher ist, liegen zu bleiben und nicht nach draußen zu gucken. So kann er sich schneller beruhigen.

Die Übung abschließen

Wenn der Hund schließlich aus der Box kommt, sollten Sie ihn nicht aufregen, damit seine Ausgeglichenheit nicht sofort wieder der Aufregung weicht. Loben Sie ihn daher nicht zu überschwänglich und streicheln Sie ihn nicht zu wild. Das Tollste für ihn ist ohnehin, dass Sie einfach nur da sind.

Die Flucht verhindern

Anfangs wird Ihr Hund noch versuchen, möglichst schnell wieder aus der Box zu kommen, wenn Sie das Schließen-Öffnen üben. Hindern Sie ihn an der Flucht und warten Sie so, bis er sich beruhigt und wieder hingesetzt oder -gelegt hat. Erst dann geben Sie ihm ein Zeichen, dass er herauskommen darf.

FAHREN IN DER TRANSPORTBOX

Einigen Hunden fällt das Autofahren leichter, wenn sie in einer Transportbox fahren – vorausgesetzt, sie haben die Box vorher bereits als einen Ort der Ruhe und Sicherheit kennengelernt. Sie fühlen sich darin dann gut aufgehoben.

Es gibt auch andere Situationen, in denen es von Nutzen sein kann, wenn Ihr Hund an eine Box gewöhnt ist, zum Beispiel, wenn er einmal über Nacht beim Tierarzt bleiben muss, sich im Krankheitsfall einmal nicht viel bewegen darf oder Sie mit dem Flugzeug verreisen wollen – so wie ich es mit Oskar häufig mache, wenn wir zu einem Kunden reisen, der nicht auf Mallorca wohnt. Die meisten Passagiere bekommen ganz mitleidige Augen, wenn sie ihn so auf dem Flughafen sehen. Dabei verschläft er den Flug ganz entspannt ohne medizinische Hilfsmittel.

Hier zeigt sich auch schon das Problem: Viele Menschen sehen in der Box ein Instrument der Strafe und

Unfreiheit, ähnlich wie bei der Leine. Dabei ist sie für den Hund, wenn er positiv an sie gewöhnt wurde, genau das Gegenteil: Sicherheit. Und Sicherheit bedeutet Wohlbefinden. Eigentlich ist es so einfach.

Die Box sollte für den Hund so schön wie möglich sein und ihm das Gefühl vermitteln, dass er sich hier genauso gut ausruhen kann wie auf seinem Platz. Dabei helfen eine weiche Unterlage, vielleicht auch ein Spielzeug oder ein Kauknochen. Wenn es Sie selbst nicht stört (die Boxen sind zugegebenermaßen nicht gerade optische Hingucker), kann die Box den Platz auch komplett ersetzen. Dann schlagen Sie gleich zwei Fliegen mit einer Klappe.

»Ich kenne mehrere Hunde, die sich zum Schlafen am allerliebsten in ihre Transportbox zurückziehen. Weil sie sich darin besonders sicher fühlen.«

Wie beim Einsteigen ins Auto sollte der Hund auch beim In-die-Box-gehen das Gefühl haben, dass er es allein macht. Sie können anfangs helfen, indem Sie ihn locken, die Vorderpfoten in die Box setzen und hinten leicht schieben, ein Handzeichen machen oder mit der Leine die Richtung angeben. Wie beim Auto eben. Ist der Hund drin, müssen Sie die Box nicht gleich schließen. Die Tür kann gern erst einmal offen bleiben. Viel wichtiger ist, dass sich der Hund entspannt hinlegt. Das sollten Sie unbedingt abwarten. Er sollte ganz ruhig und sicher sein, ehe Sie die Tür für ein paar Minuten zumachen. Bis dahin kann er gut auch bei geöffneter Tür in der Box liegen. Wenn Sie die Tür dann irgendwann schließen, bleiben Sie noch ein bisschen bei ihm und warten, bis er ganz ruhig ist. Hat er sich entspannt, warten Sie ein paar weitere Minuten ab, ehe Sie die Box wieder öffnen.

Auch wenn der Hund bei offener Tür bisher gern in der Box lag.: Die geschlossene Tür ist erst mal etwas anders. Wenn Sie die Tür wieder öffnen, gilt es daher anfangs vermutlich noch zu verhindern, dass der Hund sich sofort aus dem Staub macht. Er sollte nicht flüchten, sondern erst dann rauskommen, wenn er wieder ruhig ist. Warten Sie also bei ihm ab, bis er sich abermals hinlegt und lassen Sie ihn erst dann endgültig raus. Genauso machen Sie es übrigens auch beim Auto (siehe ab Seite 109).

Sorgen Sie weiterhin für eine ruhige Atmosphäre, indem Sie Ihren Hund für das, was er gerade gemacht hat, nicht übertrieben loben (»Fein, fein!«, Schenkelklopfen … Sie wissen schon). Wenn Sie selbst ruhig und sicher sind, ist das für ihn Belohnung genug. Denn Sie schenken ihm damit die Ruhe, die er braucht, um glücklich zu sein.

Mein Tipp: Wenn Sie das zu Hause üben möchten, nutzen Sie am besten wieder die Ruhephasen Ihres Hundes. Er kann dann ja einfach in der Box schlafen anstatt auf seinem Platz.

NUR AUF ANWEISUNG
AUS DEM AUTO KOMMEN

Nicht einfach rausspringen lassen

Um zu verhindern, dass der Hund einfach aus dem Auto hüpft, versperren Sie ihm den Weg und signalisieren eindeutig, dass er zurückbleiben soll. Sie können dazu gut dasselbe Handzeichen verwenden wie für das Stehenbleiben (siehe Seite 76). Erst wenn der Hund ruhig ist, darf er raus. Wenn Sie unsicher sind, ob Ihr Hund Sie versteht, leinen Sie ihn während der Fahrt an.

Beim Aussteigen helfen

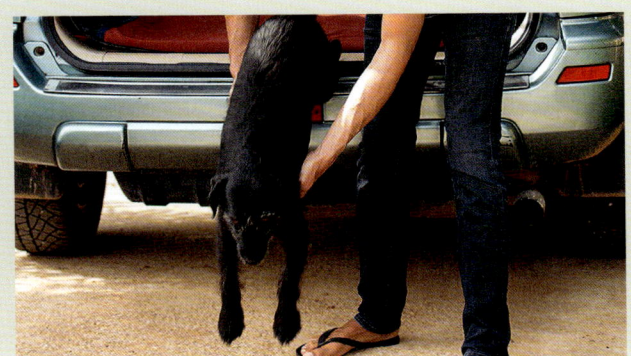

Heben Sie kleine Hunde oder solche, die sich nicht trauen auszusteigen, nicht einfach aus dem Auto. Das Tier soll wie beim Einsteigen das Gefühl haben, selbst zu handeln. Setzen Sie seine Pfoten wieder auf die Ladekante und legen Sie eine Hand auf das Hinterteil. Das »Anschieben« brauchen Sie dann nur noch anzudeuten. Bei sehr kleinen Hunden können Sie den Sprung wie hier absichern.

Raus mit dir!

Eine Fahrt ist erst beendet, wenn der Hund das Auto verlassen hat, was natürlich genauso ruhig und »gesittet« vonstattengehen sollte wie der Rest. Leider beobachte ich aber häufig, dass viele Hundebesitzer dem Aussteigen nicht die gebührende Aufmerksamkeit schenken. Vielleicht sind sie einfach froh, die Fahrt hinter sich gebracht zu haben. Oder sie haben das Gefühl, sie müssten ihren Hund so schnell wie möglich aus der misslichen Lage befreien, in der er sich während der Fahrt befindet. Die Hauptsache scheint zu sein, dass es möglichst schnell geht: Klappe auf, Hund raus – egal was rundherum gerade geschieht. Souveränes Aussteigen sieht anders aus.

Zum Glück können Sie Ihrem Hund jederzeit beibringen, dass er im Wagen sitzen bleibt, wenn Sie die Tür öffnen, und er erst dann aussteigt, wenn Sie ihm das Zeichen dafür geben. Das ist schließlich auch viel sicherer für ihn; mit unseren Kindern machen wir es auch nicht anders. Bis ihm das Neue in Fleisch und Blut übergegangen ist, sollten Sie Ihren Hund im Auto anleinen oder angurten (was Sie natürlich gern auch dann noch tun können, wenn er es beherrscht). Dadurch verhindern Sie, dass er in alte Muster zurückkehrt und erleichtern ihm das Umlernen.

Und so geht's: Wenn Sie am Ziel angekommen sind, steigen Sie aus und schnaufen erst einmal durch. Denn jetzt ist es wieder wichtig, dem Hund gegenüber ruhig und konzentriert aufzutreten. Öffnen Sie dann langsam die Klappe oder Tür. Sobald Ihr Vierbeiner Anstalten macht, aus dem Wagen zu schlüpfen, signalisieren Sie ihm mit der Hand: »Nicht aussteigen«. Die Tür oder Klappe bleibt dabei offen. Warten Sie ab, bis er sich wieder beruhigt hat und sich erneut hinsetzt oder -legt. Irgendwann wird Ihr Hund merken, dass

er mit seiner Drängelei nichts erreicht und abwarten, was Sie tun. Hindern Sie ihn aber weiterhin daran, einfach auszusteigen, indem Sie sich vor ihn stellen oder ihn notfalls sanft zurückschieben. Lassen Sie ihn sich wieder hinsetzen oder -legen. Setzen Sie sich eventuell zu ihm, wie Sie es beim Einsteigen gemacht haben. Das ist auch ein guter Trick, wenn Sie merken, dass Sie selbst unruhig werden, weil die ganze Sache Sie zu stressen beginnt. Erst wenn der Hund ganz ruhig ist und nicht mehr flüchten will, geben Sie mit der Hand ein Zeichen oder sagen ein Kommando, damit er aus dem Auto aussteigt.

Wenn der Hund im Auto angeleint war, lösen Sie die Leine, nehmen sie in die Hand und warten wie gerade beschrieben ab, bis er ruhig ist. Dann geben Sie mit der Leine ein Signal, indem Sie sie in die Richtung

=== AUF EINEN BLICK ===

Diese Dinge sollten Sie beim Autofahren berücksichtigen:
- Nicht gleich eine lange Fahrt unternehmen, sondern nur kurze Stecken zurücklegen und die Fahrzeit nach und nach steigern. Am ersten Tag geht es nur einmal um den Block, am zweiten zum Supermarkt, am dritten zu einem Bekannten in der Nähe usw.
- Vor dem Fahren spazieren gehen, damit der Hund erkennt, dass er sich jetzt ausruhen soll.
- Am besten davor nicht füttern, damit ihm nicht schlecht wird. Das macht ihn unruhig.
- Je weniger der Hund sieht, desto besser kann er sich entspannen.
- Hat der Hund sehr große Probleme mit dem Autofahren, gewöhnt man ihn erst einmal nur an das Auto. Lassen Sie ihn einsteigen und bringen Sie ihn zur Ruhe, indem Sie ihn streicheln, sich dazusetzen, vielleicht auch einen Napf mit Wasser neben ihn stellen. Erst wenn das klappt, beginnen Sie mit dem »Fahrertraining«.
- In Ruhe aussteigen – wenn Sie das Zeichen dafür geben.

lenken, in der er aussteigen soll. Ach ja: Soll der Hund kurz nach einer Autofahrt gleich wieder ruhig sitzen, zum Beispiel im Café oder im Wartezimmer des Tierarztes, wird es schwierig. Besser ist es, dazwischen zumindest kurz mit ihm spazieren zu gehen. Dann stimmt der Aktivitäts-Ruhe-Rhythmus wieder – wenn auch im Kleinen.

JETZT MACH ENDLICH!

Auch wenn das deutlich seltener vorkommt: Es gibt tatsächlich immer mal wieder den Fall, dass Hunde nicht aus dem Auto steigen wollen. Meistens sind diese Tiere aber nur unsicher oder verstehen nicht, was man gerade von ihnen will.

Wie beim Einsteigen sollten Sie dem Vierbeiner nicht einfach aus dem Auto heben, sondern dafür sorgen, dass er das Gefühl hat, selbstständig auszusteigen. Probieren Sie, ihn mit etwas, das er kennt und mag, vom Aussteigen zu überzeugen, zum Beispiel indem Sie ihn rufen oder mit einem Spielzeug locken (notfalls auch mit einem Leckerli). Wenn das klappt, war er nicht so unsicher und fand es im Auto vielleicht einfach nur gerade sehr gemütlich.

Bleibt dieser Versuch erfolglos, müssen Sie dem Hund mit Ihrer eigenen inneren Ruhe und Ihren Händen die Sicherheit geben, die ihm ganz offensichtlich gerade fehlt. Legen Sie seine Pfoten an die Kofferraumkante und helfen Sie sanft nach– wie beim Einsteigen, nur andersherum. Wenn der Hund eine gute Verbindung zu seiner Leine hat, reicht es, ihn mit der Leine nach draußen zu führen.

Haben Hunde gelernt, dass sie nicht einfach aussteigen dürfen, warten sie auch bei geöffneter Klappe.

STRESSFREIE HUNDEBEGEGNUNGEN

Wir glauben oft, dass Hunde vor allem unter ihresgleichen glücklich sind.
Dabei gibt es gerade dann oft Probleme. Zum Glück kann man viel dazu
beitragen, dass solche Treffen für alle Beteiligten entspannt verlaufen.

Ich kenne Fälle, in denen die Leute zu den unmöglichsten Fällen Gassi gegangen sind oder auf den unmöglichsten Strecken, nur um bloß keinen anderen Hund zu treffen. Weil ihr eigener Vierbeiner sonst total ausflippt. Wenn sich in der Ferne doch einmal ein Artgenosse blicken lässt, drehen sie augenblicklich um oder verstecken sich irgendwo im Gebüsch. Das mag für Außenstehende lustig oder gar verrückt klingen. Für die Betroffenen bedeutet es absoluten Stress. So stellt sich wirklich niemand das Leben mit Hund vor. Was ist nur aus den Träumen von entspannten Spaziergängen und der gemeinsamen Zeit in der freien Natur geworden?

Wenn Hunde im Beisein des Menschen aufeinandertreffen, verhalten sie sich oft völlig anders, als wenn sie unter sich wären. Der Grund: Während unter ihresgleichen die Rangfolge meist in Sekundenschnelle geklärt ist, sind die Positionen im gemischten Mensch-Hund-Team oft weniger eindeutig, weil der Hund dort mitunter in eine Rolle schlüpft, die nicht seiner Natur entspricht. Dadurch kann es zu einigen Problemen kommen.

Aber auch wenn der Hund nicht offensiv aggressiv agiert, kann es ganz schön nerven, wenn er immer stehen bleiben und an jedem Hund schnuppern oder mit ihm spielen möchte.

Ich finde, dass es immer wir Menschen sein sollten, die entscheiden, ob wir anhalten, wenn wir einem anderen Hund begegnen, oder ob wir weitergehen. Und wenn wir uns für Letzteres entscheiden, brauchen wir kein schlechtes Gewissen zu haben. Der Hund muss nicht immer Kontakt zu anderen Hunden haben.

Wenn Sie mit einem Kind einkaufen gehen, werden Sie vermutlich auch nicht bei jedem anderen Kind anhalten, damit sich die beiden unterhalten können. Und Sie selbst bleiben auch nicht ständig stehen, um anderen die Hand zu geben oder zu plaudern.

Im Grunde haben Sie drei Möglichkeiten, wenn Sie auf der Straße einem anderen Hundehalter begegnen:

◆ Sie halten an und die Hunde begrüßen sich.
◆ Sie gehen an ihm vorbei, grüßen kurz, halten aber nicht an – und der Hund geht mit.
◆ Sie halten und begrüßen den Menschen, die Hunde begrüßen sich aber nicht.

ANDEREN HUNDE-BESITZERN BEGEGNEN

Fall 1: Hunde dürfen sich begrüßen

Beim disziplinierten Teil des Spaziergangs entscheiden Sie, ob Ihr Hund Kontakt zu anderen Hunden aufnimmt oder nicht. Treffen Sie unterwegs jemanden, mit dem Sie sich unterhalten wollen und haben Sie auch nichts dagegen, dass die Hunde sich begrüßen, »laden« Sie sie in Ihren Kreis »ein«. Und wenn Sie weitergehen wollen, hat er das auch zu akzeptieren.

Fall 2: Aneinander vorbeigehen

Wollen Sie nicht anhalten, gehen Sie einfach ohne zu zögern an den anderen vorbei weiter in Ihre Richtung. Ich empfehle außerdem, zwischen dem eigenen Hund und dem anderen Team zu laufen, um zusätzlich eine gewisse Distanz zu halten. Versucht Ihr Hund trotzdem, die Seite zu wechseln, leiten Sie ihn mithilfe der Leine sowie mit Ruhe und Sicherheit dorthin zurück, wo er hin soll (siehe auch Seite 67). Sie entscheiden!

Kritische Situationen

Leider geht es bei den Vierbeinern manchmal um mehr als nur um übereifriges Interesse an anderen Hunden. Wenn der eigene Hund häufig aggressiv auf Artgenossen reagiert, hat man ein ernsthaftes Problem. Aber auch das lässt sich lösen, indem man seinem Hund hilft, mehr Sicherheit und Souveränität zu entwickeln. So kann er zu seiner Natur zurückfinden und das Draußensein wieder genießen.

PROBLEM 1: IHR HUND BELLT ANDERE AN ODER ATTACKIERT SIE

Wenn ein Hund an der Leine seine Artgenossen anbellt oder gar attackiert, ist das ein deutliches Zeichen dafür, dass er sich in seinem Mensch-Hund-Team nicht so sicher fühlt, wie es sein sollte, und daher selbst versucht, für das nötige Maß an Sicherheit zu sorgen. Das kann gut gehen, solange kein anderer ihm die Rolle als »Chef« streitig zu machen scheint. Im

3. Fall: Kein Hundekontakt

Auch wenn Sie kurz stehen bleiben, aber nicht wollen, dass Ihr eigener Hund dem anderen näher kommt, stellen Sie sich zwischen die beiden und halten ihn so auf Abstand. Will er trotzdem Kontakt aufnehmen, stellen Sie ein Bein nach vorn und/oder schieben ihn mit der Hand sanft zurück. Bis er verstanden hat.

schlimmsten Fall aber kommt es zu einem unerbittlichen Kampf zwischen zwei vermeintlichen Rivalen. Genauso war es bei der Hündin einer Kundin. Solange fremde Hunde ruhig blieben und ihr nicht zu nahe kamen, hatte die Frau scheinbar alles im Griff. Sobald ein Hund jedoch knurrte oder bellte, flippte die Hündin aus und war kaum noch zu halten. Es war nur Glück, dass bisher nichts passiert war.
Entspannt waren die Spaziergänge dadurch natürlich nicht gerade. Die Aufmerksamkeit der Frau war im Grunde die ganze Zeit auf die Umgebung gerichtet: Wo waren Menschen mit Hunden? Wie waren die drauf? Und was machten sie? Wenn sich ein Aufeinandertreffen nicht vermeiden ließ, begann sie schon Meter vorher der Hündin beschwichtigende Signale zu senden und sanft auf sie einzureden. Was allerdings keine Wirkung zeigte. Wenn das andere Tier »missmutig« war, geriet die Situation unausweichlich außer Kontrolle.

Aus der Situation nehmen

Die Frau ist bei Weitem kein Einzelfall, ich werde regelmäßig bei ähnlichen Problemen um Rat gefragt. Und zum Glück lässt sich die Situation tatsächlich in vielen Situationen ohne Hilfe von außen entschärfen. Ich empfehle in so einem Fall, Folgendes zu tun: Statt auf die anderen Menschen und ihre Hunde zu achten, sollte man sich voll und ganz auf den eigenen Hund konzentrieren. Sobald man merkt, dass er sich anspannt, bleibt man stehen und lässt ihn sich hinsetzen. Anschließend sollte man das Tier dazu bringen, sich auf den Boden zu legen – genau für solche Situationen ist es so wichtig, dass jeder Hund lernt, sich hinzulegen, wenn man es ihm sagt (siehe Seite 82 und 83). Das Ganze klappt nur, wenn man selbst absolut ruhig und sicher bleibt. Wenn der Mensch nervös, hektisch, aufgeregt und selbst angespannt ist, ist der Hund viel zu unsicher und wird sich nie hinlegen. Schließlich ist das ein Zeichen des Vertrauens.
Auch wenn der Hund sich hingelegt hat, sollte man die ganze Zeit über nur auf ihn achten und das andere Tier und dessen Halter einfach ignorieren.

DEN HUND AUS EINER KONFLIKTSITUATION HERAUSNEHMEN

Hinlegen lassen

Leider läuft es nicht immer friedlich ab, wenn zwei Hunde sich begegnen. Von aggressivem Bellen bis körperlichen Attacken ist alles drin. Sobald sich ein Konflikt bemerkbar macht, sollten Sie Ihren Hund dazu bringen, sich hinzulegen – egal ob er derjenige ist, der den »Streit« anfängt oder ob er das Opfer ist. In beiden Fällen ist der Hund verunsichert. Was er jetzt braucht, ist Ruhe.

Signal an den eigenen Hund

Wenn der Hund ruhig am Boden liegt, knien oder stellen Sie sich mit geöffneten Armen zwischen ihn und den anderen. Wenn Sie dabei in Richtung Ihres Hundes blicken, signalisieren Sie ihm: »Ich pass auf dich auf und beschütze dich. Ich übernehme die Verantwortung. Du kannst dich entspannen.« Warten Sie so lange in dieser Haltung ab, bis Ihr Hund nicht mehr gestresst und wieder ruhig geworden ist. Erst dann setzen Sie Ihren Weg fort.

Entspannen lassen

Wichtig ist, dass der Vierbeiner so lange liegen bleibt, bis er sich völlig beruhigt hat und wieder ganz entspannt ist. Erst dann sollte man ihm ein Zeichen geben und ruhig und entschlossen mit ihm weitergehen – egal ob der andere Hund noch in der Nähe ist oder nicht. Und sollte der Hund wieder zu bellen anfangen, muss man alles noch mal von vorn machen.

Wenn man sich bei allen Hundebegegnungen, die den Hund stressen, konsequent so verhält, begreift das Tier bald, dass der Mensch auch beim Spaziergang Ruhe und Sicherheit geben kann. Dass er die Verantwortung übernimmt und alles im Griff hat. Und dass der Hund sich um nichts kümmern muss, sondern ihm einfach nur folgen kann, anstatt seine Position schützen zu müssen.

Zwei Dinge allerdings sind für den Erfolg dieser »Übung« wichtig:

◆ Man darf keine Angst vor den anderen Hunden haben. Sonst ist man zu unsicher.

Signal an den anderen Hund

Zusätzlich können Sie auch dem anderen Hund ein Signal geben, indem Sie sich in seine Richtung drehen und ihm so zeigen, dass Sie Ihren Hund beschützen beziehungsweise die Situation im Griff haben. Achten Sie dabei darauf, Ihren eigenen Vierbeiner währenddessen mit den Händen hinten zu »halten«.

◆ Man muss in der Lage sein, seinen eigenen Hund in jeder Situation dazu zu bringen sich hinzulegen. Ist das nicht der Fall, sollte man sich Hilfe holen.

PROBLEM 2: IHR HUND WIRD ANGEBELLT ODER ATTACKIERT

Die Sache mit dem Hinlegen funktioniert genauso, wenn Ihr Hund nicht der Angreifer ist, sondern das Opfer einer solchen Attacke wird. Ich mache das mit meinen Hunden auch, wenn sie in eine solche Situation gelangen. Und ich gebe zu, dass ich dabei schon oft komisch von der Seite angeschaut worden bin. Ein Mann hat mich auch einmal gefragt: »Warum bestrafen Sie Ihren Hund auch noch, indem er sich hinlegen soll? Er hat doch gar nichts gemacht. Der andere war doch schuld.« Er wusste ganz offensichtlich nicht, dass Sich-Hinlegen keine Strafe ist, sondern ein Zeichen für Vertrauen-Haben. Dabei könnte das jeder sehr gut daran erkennen, wenn sich ein Hund zu Hause zufrieden auf den Rücken legt und seinen Bauch präsentiert: Er fühlt sich dann sicher, gut und wohlbehütet. Genau das brauchen Hunde.

Keine Spur von Strafe also. Indem ich ihn hinlegen lasse, zeige ich meinem Hund vielmehr, dass ich die Situation unter Kontrolle habe und er keine Angst haben braucht oder gar wegrennen muss.

Gleichzeitig sieht der Angreifer, dass von ihm keine Gefahr ausgeht und er keine Konkurrenz darstellt (»Der Klügere gibt nach«). Und wenn ihn das nicht überzeugen sollte, kann ich meinen Hund zudem besser vor einem möglichen Angriff schützen.

»Mit unserer Hilfe kann ein Hund, der sonst immer weggerannt ist, lernen, dass er das nicht muss. Und ein ›Angreifer‹, entspannt zu bleiben.«

Auf der Hundewiese

Hundewiese! Dieses Wort klingt für viele Hundehalter nach einem wahren Paradies. In Gedanken sehen sie ihre Vierbeiner mit ihresgleichen toben, rennen und spielen. Vor ihrem inneren Auge entsteht ein Platz, an dem die Tiere endlich wirklich frei sein können. An dem sie das sein dürfen, was sie sind. Und sie denken, dass es für ihren Hund keinen schöneren Ort auf der Welt geben könne.

Ich persönlich stehe Hundewiesen dagegen eher kritisch gegenüber. Denn ich habe viel zu oft schon beobachtet, dass Menschen sie falsch »benutzen«. Sie gehen auf die Hundewiese, um den Hund auszulasten. Sie denken, er würde dort etwas lernen. Müde werden. Was sie dabei vergessen, ist, dass die beste Methode, all das zu erreichen, ein gemeinsamer Spaziergang wäre.

Im Grunde verhält es sich mit der Hundewiese nicht viel anders als mit dem Spielen (siehe ab Seite 147). Man muss sie richtig nutzen, damit der Hund etwas davon hat. Geht man hauptsächlich deshalb hin, um andere Hundehalter zu treffen oder weil man zu müde ist, um sich selbst viel mit dem Tier zu beschäftigen? Dann besteht die Gefahr, dass man den Hund darauf konditioniert, sich nur körperlich auszutoben oder Frust abzulassen und es kann schnell zu Handgreiflichkeiten unter den Vierbeinern kommen. Im Grunde unterscheidet sich die Hundewiese so gesehen nicht von einem Garten, in dem ein Hund immer allein ist. Wenn das Drumherum dagegen stimmt, kann man ihn »frei« lassen und die Wiese ist wie eine Be-lohnung für ihn. Sie ist aber auch dann nichts, was er unbedingt jeden Tag braucht. Im Gegensatz zum gemeinsamen Alltag mit Ihnen und zu Aufgaben, die ihn geistig fordern.

»Jeder Hundehalter sollte sich fragen: Gehe ich für mich auf die Hundewiese oder für meinen Hund?«

Was viele von Ihnen vermutlich verwundern wird, ist die Tatsache, dass ein Hund nicht automatisch Spaß hat, wenn er auf seinesgleichen trifft. Es ist ja nicht so, dass sich alle Hunde miteinander verstehen, bloß weil sie eben Hunde sind. Wie bei uns Menschen gibt es solche, die sich sympathisch sind, und solche, bei denen die Chemie einfach nicht stimmt.

Es gefällt auch nicht jedem Vierbeiner, Mitglied eines »Rudels auf Zeit« zu sein. Nichts anderes ist die Truppe, die sich auf der Wiese trifft. Sobald zwei und mehr Hunde unter sich sind, gibt es eine Hierarchie. Egal wie groß die Gruppe auch ist: Sie kann nur dann funktionieren, wenn die Rollen klar verteilt sind. Einer muss die Führung übernehmen und die anderen müssen sich einordnen. Allerdings ist die Rangordnung unter den »Spielgefährten« keineswegs konstant. Immer wenn ein Tier das Feld verlässt oder ein neues

Mit seinesgleichen zu spielen macht Spaß. Der Hund sollte aber nicht vergessen, dass er mit dem Menschen da ist.

hinzukommt, werden die Karten neu gemischt. Das ist manchen Hunden einfach zu viel. Wir zwingen sie dann mit jedem Besuch regelrecht dazu, sich wieder einzugliedern. Das stresst sie und kann die Beziehung zu uns belasten. Schon aus diesem Grund ist es wichtig, dass Sie als Hundehalter im vornherein »Ihre« Hundewiese genauer unter die Lupe nehmen:

◆ Welche Menschen treffen sich dort? Lassen sie ihre Hunde machen, was sie wollen, oder halten sie den Kontakt zu ihnen?

◆ Passen die Hunde zu Ihrem eigenen Hund? Sind sie zum Beispiel etwa im gleichen Alter, haben sie den gleichen Aktivitätslevel? Und vor allem: Sind sie

ausgeglichen? Denn auch wenn sich Hunde nicht immer gleich gut leiden können: Fakt ist, dass Sie miteinander klarkommen müssen. Sonst gibt's Zoff. Genauso wichtig wie die passende Spieltruppe ist, dass Ihr Hund ausgeglichen auf der Hundewiese ankommt – was wiederum am leichtesten gelingt, wenn Sie vorher diszipliniert Gassi gegangen sind (siehe Seite 68 und 69). »Benutzen« Sie die Hundewiese für die Pause beim Gassigehen. Ihr Hund befindet sich dann schon im »Folgermodus« und es fällt ihm leichter, seinen Platz in der Gruppe zu finden. Dadurch kann er die Hundewiese viel mehr genießen – wie ein Spiel. So sollte es sein.

DEN HUND AUS DEM SPIELEN HERAUS ABRUFEN

Zwischendurch zu sich rufen

Im Hunderudel gelten eigene »Gesetze«. Damit sich Ihr Hund nicht zu irgendetwas mitreißen lässt, rufen Sie ihn zwischendurch immer mal wieder kurz zu sich. Im Grunde ist das eine Rückrufübung unter verschärften Konditionen. Daher dürfen Sie nicht die Geduld verlieren, wenn es nicht sofort klappt. Bleiben Sie dran und loben Sie Ihren Hund ausgiebig, wenn er kommt.

Kurz warten lassen

Ihr Hund sollte nicht nur zu Ihnen kommen, sondern auch kurz bei Ihnen bleiben und sich erinnern, dass er hier Sicherheit und Ruhe findet. Das fällt ihm am leichtesten, wenn er sich hinsetzt oder -legt. Warten Sie ein wenig, bis Sie ihn zum Spielen zurückschicken. Darf er gleich wieder zu den anderen Hunden, konditionieren Sie ihn zwar darauf, dass er auf Zuruf zu Ihnen kommt, aber nicht, dass er dann auch bei Ihnen bleibt.

Sie selbst haben dann übrigens auch etwas davon: Daran, wie sich Ihr entspannter Hund in der Gruppe verhält, in welcher Rolle er sich wiederfindet, erkennen Sie seine wahre Persönlichkeit, seine Natur.

VERGISS MICH NICHT

Wenn Ihr Hund sich in der Gruppe wohlfühlt und Spaß hat, kann es schon einmal passieren, dass er ganz vergisst, dass Sie auf ihn warten und sich statt-dessen zu sehr an den anderen Hunden orientiert. Und wenn einer von denen davonsaust, läuft er daher vielleicht einfach hinterher. Dann nützt kein Rufen oder Winken mehr, der Hund ist erst einmal weg. Um das zu verhindern, rate ich, den Hund in regelmäßigen, nicht zu langen Abständen immer wieder aus dem Spiel zu sich zu rufen. Wuscheln Sie ihm aber dann nicht einfach nur kurz durchs Fell und lassen Sie ihn gleich wieder abdüsen. Besser ist es, wenn er sich zum Beispiel kurz bei Ihnen hinlegt. Dadurch bringen

Weitergehen

Wenn Sie finden, dass es Zeit ist zu gehen, rufen Sie Ihren Hund erneut zu sich und lassen ihn sich wieder hinsetzen oder -legen. Dann nehmen Sie ihn ohne viele Worte an die Leine und gehen einfach gemeinsam weiter. So weiß der Hund: Die Pause ist vorbei. Nun beginnt wieder der disziplinierte Teil des Spaziergangs.

Sie zwischendurch ein bisschen Ruhe ins Geschehen und er »antwortet« Ihnen, indem er signalisiert, dass er sich bei Ihnen sicher fühlt. Wenn »geklärt« ist, wohin und zu wem er wirklich gehört, kann er wieder zu den anderen und weiterspielen.

DAS SPIELEN BEENDEN

Wenn Sie dann irgendwann der Meinung sind, dass Ihr Hund genug gespielt hat, rufen Sie ihn erneut zu

sich, leinen ihn ruhig an und gehen entspannt mit ihm davon. »Wie gemein. Erst hat er so schön gespielt und jetzt muss er an die Leine. Der Arme«, höre ich im Kopf jetzt schon manche stöhnen. Das ist ja auch so menschlich – und genau deshalb zeigt dieser Gedanke auch sehr schön, wie sehr wir unsere Vierbeiner unbewusst vermenschlichen. Aber bloß weil wir denken, dass Hunde die Leine doof finden, weil sie nicht mehr weiterspielen dürfen, heißt das nicht, dass Hunde ebenso empfinden. Wenn die Beziehung zwischen Zwei- und Vierbeiner stimmt, sind sie viel lieber bei ihrem Menschen. So gern er auch spielt: Ihr Hund freut sich, dass er wieder bei Ihnen sein darf. Er mag und braucht das. Mit Ihnen zusammen zu sein, ist für ihn viel wichtiger, als andere Hunde um sich zu haben. Es ist sein Alltag.

»Ihr Hund möchte ein Teil von Ihnen sein. Das reicht ihm.«

Und wenn er die Leine als etwas Positives kennengelernt hat, als Verbindung zu Ihnen, dann fühlt er sich auch nicht durch sie eingeschränkt. Sie ist keine Strafe für ihn. Er fühlt sich mit ihr sicher. Und deshalb geht es ihm gut und es ist ihm schlicht und ergreifend schnuppe, was der Rest der Welt denkt. Genau das sollte es Ihnen auch sein.

UNSICHERHEITEN ÜBERWINDEN

Nicht jeder Hund ist immer supermutig. Muss er auch nicht. Aber man sollte einem unsicheren Hund helfen und ihm die Sicherheit schenken, die er braucht, um den Alltag entspannt zu meistern und zu genießen.

»Dieser Hund macht mich noch wahnsinnig. Wie lang soll ich ihn denn noch die Treppe runtertragen? Er wiegt doch jetzt schon über 25 Kilo«, klagte kürzlich eine Kundin bei unserem ersten Treffen. Es stellte sich heraus, dass ihr Labrador sich von Anfang an geweigert hatte, die Treppe von der Wohnung auf die Straße herunterzusteigen. Anfangs hatte sich die Frau nichts dabei gedacht, weil sie ohnehin irgendwo gelesen hatte, dass junge Hunde noch nicht Treppen steigen dürften, weil das ihren Bewegungsapparat zu sehr belasten würde. Eines Tages war das Tier dann auch plötzlich nach dem Spaziergang die Stufen zur Wohnung im ersten Stock von allein hinaufgehoppelt. Bis heute machte es aber keinerlei Anstalten, auch den Weg nach unten selbstständig zu bewältigen. Im Gegenteil: Der Hund schien regelrechte Panik zu haben, wenn er oben im Treppenhaus stand. Keine zehn Pferde brachten ihn dazu, allein die Stufen zu betreten. Wenn er nicht in die Wohnung machen sollte, musste man ihn also wohl oder übel hinuntertragen. Dass Hunde Angst vor Treppen haben, ist gar nicht so selten. Das heißt aber nicht, dass jeder dieser Vierbeiner schon schlechte Erfahrungen damit gemacht hätte und zum Beispiel auf einer glatten Treppe ausgerutscht wäre. Wenn ein Hund ängstlich ist, kann das nämlich verschiedene Gründe haben. Manche sind besonders empfindsam und einfach von Natur aus zurückhaltender als andere. Sie erschrecken schneller oder fürchten sich eher. Manchmal haben die Vierbeiner tatsächlich schlechte Erfahrungen gemacht, sind in gewisser Weise traumatisiert und haben daher Angst vor bestimmten Situationen oder Gegenständen. In den allermeisten Fällen jedoch sind sie ängstlich, weil sie etwas nicht kennen. Sie sind ängstlich, weil sie unsicher sind. So wie auch wir uns häufig nicht ganz wohl in unserer Haut fühlen, wenn wir irgendetwas zum ersten Mal machen sollen, etwa eine Rede halten oder allein verreisen.

Nicht jeder Hund wurde in den ersten Lebenswochen vom Züchter gewissenhaft und verständnisvoll mit verschiedenen Dingen und Situationen konfrontiert, damit er möglichst viel kennenlernt. (Wobei ein verantwortungsvoller Züchter eher unsichere Welpen sogar ganz gezielt fördern und fordern wird, indem er sie zum Beispiel beim gemeinsamen Spielen immer wieder mal mit komischen Geräuschen konfrontiert, sie ab und zu in einer ungewohnten Umgebung füttert oder Ähnliches. Indem er also Sachen, die sie sonst eher beunruhigen, mit schönen Momenten verbindet und auf diese Weise »entschärft«.)

Aber selbst wenn Ihr Hund nicht in diesen Genuss gekommen sein sollte: Es ist nicht zu spät. Es ist eben dann Ihre Aufgabe, ihm all das zu zeigen und ihn mit Ungewohntem vertraut zu machen. Dazu gehören eventuell auch Treppen.

Die Kontrolle übernehmen

Jeder Hund hat seine eigene Persönlichkeit, die geprägt ist vom genetischen Erbe und den Erfahrungen, die er in seinem Leben bisher gemacht hat. Es gibt empfindliche Hunde und solche, die eben anders sind.

=== STRATEGIEN GEGEN ANGST ===

Wenn ein ängstlicher Hund sicherer werden soll, müssen Sie ihm zeigen, dass ...

- es normal ist, wenn er bestimmte Dinge und Situationen (noch) nicht kennt.
- er Ihnen vertrauen kann.
- er nicht unsicher sein muss.
- er mit Ihrer Hilfe viele Probleme bewältigen kann.

Diese Persönlichkeit müssen wir respektieren. Wir brauchen die Persönlichkeit eines ängstlichen Hundes auch gar nicht von Grund auf umkrempeln, was vermutlich ohnehin aussichtslos wäre. Alles, was wir tun sollten, ist zu versuchen, dass sich der Hund in einer bestimmten Alltagssituation wohler fühlt. Weil er bei uns ist. Weil wir ihm Sicherheit geben. Im Grunde ist es auch gar nicht wichtig, warum er ängstlich ist. Wichtig ist, dass die Situation für ihn angenehm ist und er nicht mehr den Impuls verspürt, vor ihr zu flüchten. Und dazu müssen wir ihm zeigen, dass wir die Situation unter Kontrolle haben. Wobei wir mal wieder am Punkt sind: Wie sich ein Hund benimmt, liegt an uns selbst und daran, wie wir uns verhalten. Wenn wir zu unserer Mitte zurückkommen und innere Ruhe finden, entspannt sich der Hund und kann die Aufgabe bewältigen.

ZEIGEN STATT MITLEIDEN

Wir erwarten viel zu oft, dass unsere Hunde kennen, was sie noch gar nicht kennen können. Anstatt sie mit einer Situation, einem Gegenstand vertraut zu machen und ihnen beizubringen, was sie tun sollen, denken wir, sie wären traumatisiert und haben Mitleid mit ihnen: Was mag dieser arme Hund nur schon alles erlebt haben? Hunde jedoch kennen ein Gefühl wie Mitleid nicht. Daher interpretieren sie das umsorgende, helfende Verhalten auf ihre Art: als Schwäche. Ein schwacher Mensch aber ist das Letzte, was das unsichere Tier in so einer Situation brauchen kann. Viel besser wäre ein sicherer, verantwortungsbewusster

Das soll eine Treppe sein? Auch souveräne Hunde kommen manchmal in Situationen, die sie nicht kennen.

Mensch, in dessen Obhut es sich begeben kann. Weil er weiß, was er tut. Weil er sicher und ruhig ist. Nicht schwach und voller Mitgefühl.

Genauso erklärte ich es auch der Besitzerin des Labradors. Ich versicherte ihr, dass ihr Hund durchaus in der Lage sei, die Treppe allein hinunterzusteigen. Dass er nur unsicher wäre, weil er es bisher nicht gelernt hätte. Junge Hunde sollten zwar nicht jeden Tag Hunderte Stufen steigen. Aber wenn man sie von Anfang an daran gewöhnt, Stufen herunterzulaufen, die ihrem Alter und ihrer Größe entsprechen, haben sie später kein Problem mit dieser Situation. Wenn die Frau also wolle, dass ihr Hund die Treppe hinuntergehe, müsste

sie sich zunächst klarmachen, warum ihr Hund sich verhält, wie er es tut: weil er unsicher ist. Und dann müsste sie ihm ein Gefühl der Sicherheit vermitteln, damit er es anders machen kann als bisher. Dazu gehört neben der inneren Überzeugung eine klare sichere Körpersprache, etwa ein Handzeichen, das dem Hund die Richtung weist: nach unten. Wenn es dem Hund hilft, kann man ihn auch mit einem Spielzeug oder Essen zusätzlich motivieren. Eine dritte Möglichkeit: Geht der Hund gut an der Leine und hat man auch sonst eine gute Beziehung zueinander, kann man ihn anleinen, ein paar Stufen vorangehen und mit der Leine die Richtung vorgeben.

SICHERHEIT GEBEN, »HÜRDEN« ÜBERWINDEN

Im Straßenverkehr

Im Straßenverkehr wird für jeden sichtbar, warum es für den Hund sicherer ist, wenn er hinten geht. Gerade ängstliche Hunde brauchen hier einen sicheren Menschen, der sie souverän anführt. In unübersichtlichen Situationen können Sie dem Tier zusätzlich mit der Hand signalisieren, dass es hinter Ihnen bleiben soll, etwa wenn Sie zwischen Autos auf die Straße treten wollen.

Vermeintliche Gefahren

Wenn ein Hindernis auch noch mit Lärm verbunden ist, wie bei Baustellen, reagieren ängstliche Hunde gern mit Panik. Um sie am Fliehen zu hindern, halten Sie die Leine möglichst kurz (aber locker!) und geben sehr deutlich die Richtung vor. Widerstehen Sie der Versuchung, die »Gefahrenzone« einfach zu umgehen. Sie riskieren damit, dass Ihr Hund für immer einen großen Bogen um diese Stelle machen wird.

Eins versprach ich meiner Kundin: Wenn sie alles richtig machen würde , also wirklich ruhig und sicher wäre, würde der Hund die Treppe hinabsteigen. Und so war es auch. Der Labbi war zwar noch ein wenig hektisch und ungeschickt. Aber Panik? Keine Spur. Und nach ein paar Tagen war das Treppabgehen genauso normal wie das Treppaufgehen. Die Frau war überglücklich. Und ihr Hund auch. Nicht nur sein Selbstvertrauen war gewachsen, sondern auch das Vertrauen in sein Frauchen, die ihm geholfen hatte.

Angst vor Kindern

So wie die Panik vor dem Treppensteigen lassen sich viele Ängste und Unsicherheiten ziemlich schnell bewältigen. Viele Hunde haben zum Beispiel Angst vor Kindern. Auch das nicht, weil sie schon einmal von einem Kind am Schwanz gezogen oder geärgert worden wären beziehungsweise irgendwelche anderen schlechten Erfahrungen gemacht hätten. Nein, sie können sie einfach schlechter einschätzen: Kinder

Treppen steigen

Treppab gehen macht Hunden meist mehr Angst als treppauf. Verunsichern Sie Ihr Tier nicht zusätzlich, indem Sie sanft auf es einreden. Gehen Sie lieber sicher voran. Bleibt der Hund zunächst stehen, nicht an der Leine ziehen, sonst sträubt er sich noch mehr. Stattdessen mit der Leine deutlich die Richtung anzeigen.

sind oft lauter als Erwachsene, bewegen sich mehr und schneller, sind überhaupt viel unkontrollierter, und das ist auch gut so. Kinder sollen Kinder sein. All das verunsichert Hunde jedoch manchmal, vor allem wenn sie vom Typ her eher die Hunde sind, die Probleme mit ihrem Herrchen haben. Die oft die Verantwortung übernehmen müssen. Die sich an der Seite ihres Herrchens nicht sicher fühlen.
Gerade beim Thema Kinder und Hunde sieht man aber auch sehr schön, dass Menschen, wenn der Hund

vor etwas Angst hat, sich viel zu oft bemühen, das Umfeld zu ändern, anstatt ihm seine Unsicherheit zu nehmen. Sie versuchen dann, der Situation möglichst von vornherein aus dem Weg zu gehen und lassen Kinder einfach gar nicht in die Nähe des Hundes kommen. Damit verstärken sie die Unsicherheit ihres Tieres zusätzlich, weil sie wahrscheinlich selbst sofort hektisch und unsicher werden, sobald sie ein Kind nur sehen. Außerdem berauben sie sich selbst um ein großes Stück Freiheit, weil sie mit dem Hund nicht mehr überall dort hingehen können, wo sie vielleicht gern hingehen würden. Wie viel wirkungsvoller wäre es, wenn sie ihrem Hund das Gefühl geben würden, dass er sich in der Gegenwart von Kindern nicht aufregen und nicht unsicher sein muss.

SCHWIERIGE SITUATIONEN GEZIELT ÜBEN

Sie können das zum Beispiel üben, indem Sie sich in der Nähe einer Schule oder eines Spielplatzes auf eine Bank setzen und den angeleinten Hund sich auf dem Boden ablegen lassen. Immer wenn ein Kind in die Nähe kommt und der Hund aufsteht und abhauen will, holen Sie ihn wieder zu sich nach vorn und bringen ihn erneut in die Ruheposition. Seien Sie selbstsicher und ruhig und geben Sie ihm klar zu verstehen, was Sie von ihm erwarten – durch ein Handzeichen, die Leine oder, wenn Ihr Hund es beherrscht, ein Kommando zum Hinlegen. Um ihm noch deutlicher zu signalisieren, dass Sie auf ihn aufpassen, können Sie sich zusätzlich zwischen ihn und das Kind stellen. Verlieren Sie nicht die Geduld. Egal wie lange es dau-

DEN HUND AN VERÄNGSTIGENDE SITUATIONEN GEWÖHNEN

Unsichere Situationen bewusst suchen

Erschrickt ein Hund vor bestimmten Dingen immer wieder, können Sie ganz gezielt mit ihm üben, zumindest einigermaßen entspannt zu bleiben. Oscar zum Beispiel waren Skateboards suspekt. Ich setzte mich daher immer wieder einmal mit ihm an die Promenade, um ihn zu »provozieren«. Wir warteten entspannt, bis ein Skater vorbeikam. Dann begann die »Übung«.

Beruhigen

Wenn das Board vorbeiratterte, stand Oscar auf. Da er angeleint war, konnte er nicht fliehen. Aber er war ganz offensichtlich verunsichert. Ich stellte mich daher vor ihn, um ihn »abzuschirmen« und ihm zu signalisieren, dass ich da war und ihn beschützte. Dann brachte ich ihn dazu, sich wieder hinzusetzen und Ruhe zu finden. Er sollte lernen: Mein Mensch ist da, ich kann ruhig bleiben. Zumindest in Maßen.

ert: Bringen Sie die Übung zu Ende. Vergessen Sie nicht, dass es ein echter Vertrauensbeweis ist, wenn Ihr Hund sich hinlegt.

Eine Alternative wäre, beim Spazierengehen immer wieder einen Abschnitt zu wählen, auf dem man vielen Kindern begegnet. Was der Hund hier lernen soll, ist, ruhig an den Kindern vorbeizugehen. Er muss das Bewusstsein entwickeln, dass von den kleinen Menschen keinerlei Gefahr ausgeht und daher kein Grund besteht, die Flucht zu ergreifen.

Ganz genauso machen Sie es übrigens, wenn Ihr Vierbeiner Angst vor Joggern hat, vor Menschen mit Hüten oder mit Regenschirmen … Nutzen Sie jedes Mal, wenn Sie einem davon begegnen, die Chance, Ihrem Hund zu zeigen, dass er nicht unsicher sein muss. Wie bei jedem Lernprozess ist es eine Frage der Zeit, bis der Hund durch mehrfaches Wiederholen so konditioniert ist, dass er macht, was Sie wollen. Die Voraussetzung dafür aber ist, dass er sich bei Ihnen sicher fühlt. Dann wird er bald keine Angst mehr haben.

Entspannt bleiben

Wenn Sie in jeder »Paniksituation« konsequent so handeln, lernt Ihr Hund mit der Zeit, dass von Dingen und Menschen keine Gefahr für ihn ausgeht. Zwar wird ein eher unsicherer Hundetyp immer schreckhaft bleiben. Aber er wird nicht mehr versuchen zu fliehen und kann sich auch relativ rasch wieder entspannen.

Angst vor Geräuschen

Ich kenne einige Menschen, deren Hunde sich bei einem Gewitter oder an Silvester hinter dem Sofa oder im Bett verkriechen. Weil sie Angst vor dem Krach haben. Nicht selten sind sie sogar so gestresst, dass sie winseln, laut jaulen oder ins Haus pinkeln.

Bei jungen Hunden ist diese Angst im Grunde eine ganz normale Reaktion. Sie fliehen auf einen sicheren Platz, weil sie den Lärm noch nicht gewohnt sind und

nicht wissen, dass er auch wieder vorübergeht. Aber auch viele ältere Tiere haben das nicht gelernt.

Wenn Sie Ihrem Hund in so einer Situation helfen wollen, müssen Sie ihm Sicherheit geben. Schicken Sie ihn auf seinen Platz oder tragen Sie ihn meinetwegen auch dorthin, wenn er sich schon panisch irgendwohin verkrochen hat und nicht mehr herauskommen will. Bringen Sie ihn geduldig und ruhig dazu, sich auf seinen Platz zu legen und bleiben Sie bei ihm, damit er nicht flüchten kann. Vermutlich wird er zittern. Das ist in Ordnung, er ist aufgeregt und damit muss er klarkommen. Ich würde den Hund in so einer Situation auch nicht groß streicheln, denn dadurch gerät man schnell wieder in die »Mitleidsfalle«. Bleiben Sie einfach ruhig und sicher bei ihm. Dadurch zeigen Sie ihm, dass er sich nicht fürchten muss.

Bei sensiblen Hunden dauert es naturgemäß länger, bis sie lärmresistenter werden. Ihnen hilft auf jeden Fall, wenn ihr Mensch nicht nur im Akutfall die nötige Sicherheit gibt, sondern diese Aufgabe auch sonst in ausreichendem Maße übernimmt. Mit seiner Unterstützung kann der Vierbeiner so nämlich im gemeinsamen Alltag nach und nach immer mehr Selbstvertrauen entwickeln.

Und draußen? Fürchtet sich Ihr Hund zum Beispiel an einer Baustelle vor dem Lärm dort oder erschrickt er vor einer Moped-Fehlzündung, vermitteln Sie ihm die nötige (Selbst-)Sicherheit über die Leine und gehen sicher und ruhig weiter. Versucht er zu flüchten, bleiben Sie stehen und holen ihn wieder zu sich, so wie Sie es mit ihm beim An-der-Leine-Gehen geübt haben (siehe ab Seite 63).

SCHLUSS MIT DER BELLEREI

Wenn Hunde viel bellen, etwa in der Wohnung, sind die Nachbarn bald
genervt und die Hundebesitzer verzweifelt. Aber das Bellen ist nicht nur
für uns mit reichlich Stress verbunden, sondern auch für die Tiere selbst.

Hunde verständigen sich mit ihrer Umwelt vorwiegend über Körpersprache (siehe Seite 34 und 35). Das Bellen scheint zwar ebenfalls eine Art der Kommunikation zu sein. Allerdings spielt es eher eine untergeordnete Rolle. Man weiß nicht einmal genau, ob uns die Tiere mit dem Bellen tatsächlich etwas mitteilen wollen oder ob es nicht nur dazu dient, auf sich aufmerksam zu machen.

Es gibt aber allerdings auch Forscher, die sagen, dass Hunde deshalb bellen, weil sie sich unserer menschlichen akustischen Sprache angepasst haben. Zum Teil hat der Mensch diesen Prozess durch selektive Zucht noch verstärkt – bei Jagdhunden, Hütehunden oder Wachhunden zum Beispiel, die anschlagen sollen, wenn sie ihre Arbeit verrichtet haben. Wenn sie Wild aufgestöbert, ein verlorenes Schäfchen zur Herde zurückbringen oder einen Eindringling entdeckt haben. Ich betrachte das Bellen ebenfalls als Entwicklungsschritt, der es Hunden erleichtert, mit uns Zweibeinern zu kommunizieren und Gefühle auszudrücken. Weil diese zum Teil sehr gegensätzlich sind – Bellen bringt Unsicherheit genauso zum Ausdruck wie Kont-

rolle, Aufregung oder Freude – sollte jeder Hundebesitzer zu verstehen versuchen, was sein Hund ihm mitteilen will. Gut, dass sich das lernen lässt.

»Jeder Hundebesitzer ist in
der Lage, das Bellen seines
Hundes zu verstehen.«

Es ist übrigens gar nicht so selten, dass wir einem Hund unbewusst selbst beibringen, in bestimmten Situationen zu bellen. Ohne es zu wissen oder es gar zu beabsichtigen, manövrieren wir ihn so in eine Situation, die wir irgendwann als störend empfinden. Wenn wir zum Beispiel mit einem Hund Ball spielen und er bellt uns aufgeregt an, verstehen wir das häufig als Aufforderung, den Ball zu werfen. Tun wir das dann wirklich, konditionieren wir den Hund darauf, dass er nur entsprechend laut werden muss, damit wir mit ihm spielen. Bellen, werfen, bellen, werfen, bellen, werfen …

Leider bellt der Hund, wenn er es einmal gelernt hat, auch dann noch, wenn uns sein Gekläffe schon längst zu viel wird. Und im Gegensatz zur Spielaufforderung, wo Bellen in der Regel keine ernsthaften Konsequenzen hat, gibt es auch Situationen, in denen so eine Konditionierung die Mensch-Hund-Beziehung durchaus belasten und im Konfliktfall sogar gefährlich werden kann. Das deutlichste Beispiel dafür: Ein Hund bellt andere Hunde an. Wenn man das nicht unterbindet, wird er es immer wieder machen. Dadurch verlieren die Spaziergänge nicht nur ihren Reiz. Es kann im schlimmsten Fall auch zu »Handgreiflichkeiten« kommen, wenn die entsprechenden Hundetypen aufeinandertreffen. Aber selbst wenn die Hunde »nur« kläffen, liegen bei vielen ihrer Besitzer die Nerven bald blank. Nicht zuletzt, weil ihr Umfeld davon in der Regel nicht gerade begeistert ist.

»Wenn ein Hund an der Tür übermäßig bellt, kann man mit nahezu hundertprozentiger Sicherheit davon ausgehen, dass sein Mensch auch noch andere Schwierigkeiten mit ihm hat.«

Wenn Hunde zum Beispiel viel in der Wohnung bellen, sind die Nachbarn bald genervt und die Hundebesitzer verzweifelt.

Bellen zu Hause

Manche Menschen stört es ja schon, wenn ihr Hund einmal bellt, wenn es an der Haustür läutet oder irgendjemand am Gartentor steht. Ich finde das nicht schlimm, schließlich ist das einfach ihre Art, Bescheid zu sagen, dass jemand an der Tür ist. Und eigentlich wollen wir ja auch, dass der Hund ein bisschen auf unser Zuhause aufpasst. Das ist ein Teil seiner »Arbeit«. Die übrigens aufgrund seines angeborenen Territorialverhaltens seiner Natur sehr entgegenkommt. Meiner Meinung nach ist ein kurzes Anschlagen also absolut in Ordnung. Meine eigenen Hunde machen es nicht anders. Wenn jemand am Tor des Rehabilitationszentrums steht, laufen sie hin und bellen erst einmal – was zugegeben bei sechs Doggen plus Unterstützung ziemlich einschüchternd klingen kann. Wenn ich aber aus dem Haus komme, um zu schauen, was los ist, hören sie sofort auf. Sie wissen, dass sie ihre »Aufgabe« erledigt und mich darauf hingewiesen haben, dass irgendetwas anders ist als sonst. In dem Moment, in dem ich auftauche, können sie die Verantwortung an mich abgeben. Sie sind sich sicher, dass ich mich um das »Problem« kümmere. Und so ist es nicht nur schlagartig leise. Die Hunde trollen sich auch vom Zaun und ziehen sich wieder irgendwo aufs Grundstück zurück. Das habe ich ihnen nicht

Was gibt's denn da zu sehen? Für Kläffer würde so ein exklusiver Fensterplatz noch mehr Aufregung bedeuten.

beigebracht. Sie folgen nur ihrem natürlichen Instinkt. Denn sie wissen, dass der Garten Menschen-Territorium ist. Das Schöne daran ist, dass die Hunde genauso reagieren, wenn ein anderer als ich das Tor öffnet. Ein gewisses Maß an Bellen ist also ganz normal. Was Sie aber nie zulassen sollten, ist, dass sich Ihr Hund hineinsteigert und überhaupt nicht mehr mit dem Bellen aufhört. Genau so aber ging es Kunden von mir. Es hatte schon etliche Beschwerden von den benachbarten Mietern gehagelt, bis hin zu wüsten Beschimpfungen. Sogar der Vermieter hatte sich schon eingeschaltet. Das junge Pärchen aber bekam die Situation einfach nicht in den Griff. Es half weder, den Hund mit Leckerli zu bestechen noch ihn mit Spielzeug abzulenken und schon gar nicht, ihn anzuschreien oder in ein Zimmer zu sperren, ehe sie die Tür öffneten. Der Hund bellte und bellte. Gäste luden die beiden schon lange nicht mehr zu sich ein. Und wenn Freunde oder Bekannte sie abholen wollten, um etwas zu unternehmen, baten sie sie, nicht zu klingeln, sondern ihnen mit dem Handy Bescheid zu geben, dass sie auf der Straße warten. Aber dass überhaupt niemand mehr bei ihnen klingelte, ließ sich einfach nicht vermeiden … Daher schwebte die drohende Kündigung wie ein Damoklesschwert über ihnen. Die beiden brauchten wirklich dringend Hilfe.

SICH AN DER TÜR RICHTIG BENEHMEN

Das Problem erkennen

Kurz zu bellen, wenn es an der Tür klingelt, ist normal. Es ist die Art Ihres Hundes, Ihnen zu zeigen, dass da irgendetwas ist. Hat ein Hund aber nicht gelernt, dass der Bereich um die Tür dem Menschen gehört, glaubt er, dass es in seinen Aufgabenbereich fällt, das »Territorium« zu bewachen. Wenn es klingelt, bellt er ohne Pause und / oder versperrt den Zutritt zur Tür.

Die Verantwortung übernehmen

Um ihm klarzumachen, dass Sie »übernehmen« und er nichts zu tun braucht, rufen Sie ihn zurück und schicken ihn auf seinen Platz. Aber nur einmal. Reagiert er darauf nicht, stellen Sie sich ruhig zwischen die Tür und den Hund und signalisieren ihm mit der vorgehaltenen flachen Hand deutlich ein »Stopp!«. Dadurch versteht Ihr Vierbeiner, dass allein Sie die Verantwortung für alle(s) haben, das zur Tür hereinkommt. Nicht er.

DAS TERRITORIUM ZURÜCKEROBERN

Das Erste, was wir uns bewusst machen müssen, wenn der Hund an der Tür nicht zu bellen aufhört, ist, dass wir zugelassen haben, dass er zu viel Territorium in Anspruch nimmt. Damit sich sein Verhalten ändert, müssen wir also uns selbst ändern – indem wir dem Hund zeigen, dass wir die Verantwortung für jeden Menschen haben, der bei uns kommt oder geht. Ich empfahl meinen Kunden, das ganz gezielt zu üben.

Beim ersten Mal sollte ein Freund an der Tür klingeln. Das Paar sollte dann abwarten, bis der Hund an die Tür geht und bellt und ihn dann rufen und auf seinen Platz schicken. Würde er schon hier »mitmachen«: Großartig. Er hätte dann gleich verstanden, dass seine Menschen das Territorium Flur übernommen haben (Signal: »Ich bin hier. Jetzt übernehme auch ich.«). Allerdings war diese Reaktion in diesem konkreten Fall eher unwahrscheinlich. Deshalb erklärte ich den beiden, was im Weiteren zu tun sei: Geht der Hund

Auf den Platz schicken

Manövrieren Sie den Hund auf diese Art ruhig aber entschlossen erst einmal weg vom Eingang und dann auf seinen Platz. Dort soll er sich ruhig hinlegen. Warten Sie bei ihm, bis er sich tatsächlich beruhigt hat. Auch wenn das vielleicht dauert. Werden Sie nicht ungeduldig, sonst zerstören Sie, was Sie bisher erreicht haben.

Tür öffnen

Erst wenn der Hund ruhig liegen bleibt, gehen Sie an die Tür und öffnen. Will er Ihnen dabei folgen, bringen Sie ihn zurück und warten erneut ab. Erst wenn Sie die Tür geöffnet haben, kann auch Ihr Vierbeiner gern wieder dazukommen, allerdings nur wenn er sich an die Begrüßungsregeln hält (siehe Seite 136).

nicht auf seinen Platz, ist das ein Zeichen dafür, dass man ihm zumindest in dieser Situation bisher im Haus keine Grenze gezeigt hat. Er hat noch nicht verstanden, was sein Platz bedeutet. Man hat zugelassen, dass er zu viel Verantwortung trägt. Deshalb kann man den Hund in dieser Situation nicht einfach antrainieren, dass er leise ist. Es reicht auch nicht, ihn einfach zur Seite zu schieben, ohne dass er sich beruhigt hat. Nein, man muss ihm durch das eigene Verhalten zeigen, dass man selbst das Territorium in Anspruch nimmt und er sich zurückziehen kann. Und das geht so: Man geht an die Tür, ohne etwas zu dem Hund zu sagen. Dann stellt man sich zwischen Tür und Hund und bringt ihn mithilfe der eigenen Körperhaltung oder auch an der Leine mit viel Ruhe und ohne Hektik an seinen Platz zurück.

Erst wenn man merkt, dass der Hund ruhiger ist, öffnet man die Tür. Jetzt darf der Hund auch ruhig dazukommen und den Besuch auf ruhige Art begrüßen. Dazu gleich noch mehr.

Genauso, sagte ich meinen Kunden, müssten sie ab nun jedes Mal vorgehen, wenn es an der Türe klingelt. Und ich empfahl ihnen, während dieser Phase einen Zettel an der Tür anzubringen, dass es etwas dauern könne, bis sie öffnen. Weil sie gerade mit ihrem Hund üben müssten. Meiner Erfahrung nach hat dafür fast jeder Verständnis. Auch der Postbote.

Wenn ich ehrlich bin, waren meine Kunden anfangs nicht sonderlich überzeugt davon, dass ihr Hund mit so wenig Aufwand lernen würde, nicht mehr zu bellen. Entsprechend halbherzig waren die ersten Versuche, die sie noch in meinem Beisein unternahmen – ich war das »Klingelopfer«. Erst als ich ihnen

nochmals ausführlich erklärte, dass alles davon abhänge, wie überzeugt sie selbst aufträten, schienen sie die Sache ernst zu nehmen.

Wenige Tage später riefen die Leute bei mir an, um sich zu bedanken. Ihr Hund würde allenfalls noch kurz kläffen, wenn jemand an der Tür war. Und manchmal wäre er scheinbar sogar dazu zu faul …

Was mir wieder einmal zeigte, dass diese Methode der Konditionierung wirklich schnell und erfolgsorientiert ist, wenn man es richtig macht, sprich: überzeugt von ihr ist und entsprechend überzeugend auftritt.

BESUCHER BEGRÜSSEN

Wenn Sie Besuch bekommen und dieser zur Haustür hereinkommt, wird Ihr Hund instinktiv auch zur Tür gehen und den Gast begrüßen, indem er an ihm schnuppert. Das ist ein völlig normales, natürliches Verhalten und das sollten Sie ihm auch zugestehen. Bleibt er auf Abstand, können Sie ihn sogar auffordern dazuzukommen. Dadurch zeigen Sie ihm, dass er gern dabei sein darf, solange er sich gut benimmt.

Es gibt natürlich aber auch den Fall, dass der Hund den Besuch anbellt oder anspringt. Das sollte man nicht dulden, sondern dem Hund klarmachen, dass er nur dann im Eingangsbereich sein darf, wenn er nicht aufgeregt ist. Mit anderen Worten: Wenn er sich wie ein normaler Hund verhält und den Besuch respektiert. Sonst nicht.

Einige Menschen, besonders solche, die Hunde gern mögen, (miss-)verstehen diese Art der »Begrüßung« als Zeichen besonders großer Freude und reagieren

---

VON VORNHEREIN KLARE GRENZEN

Am besten und einfachsten wäre es natürlich, dem Hund von Anfang verständlich zu machen, wie er sich an der Tür verhalten soll und entsprechende Grenzen zu setzen, mit denen wir unser Territorium festlegen. Dazu schicken Sie Ihren Vierbeiner einfach immer wieder zurück, wenn es klingelt. Denken Sie sich eine imaginäre Linie in einem ausreichend großen Abstand zur Tür, die er nicht überschreiten darf (»Bis hierher und nicht weiter«). Dank des ihm angeborenen Territorialinstinktes versteht schon ein junger Hund sehr schnell, was Sie von ihm wollen, sodass es später gar nicht erst zu Problemen an der Tür kommt.

entsprechend aufgeregt. Manche, wie die Eltern einer guten Bekannten, haben für einen solchen Hund sogar extra Leckerlis in der Tasche, mit denen sie ihn begrüßen, wo er sich doch so sehr freut. Verstehen Sie mich nicht falsch: Jeder sollte frei sein, den Hund so zu sehen, wie er will. Aber wenn Sie ihm dieses Verhalten abgewöhnen möchten, und das empfehle ich Ihnen, dann bitten Sie Ihre Gäste, das nicht zu tun, sondern sich an dieselben Regeln zu halten wie Sie selbst, wenn Sie nach Hause kommen: die Aufregung nicht noch zu schüren, aber auch nicht zurückzuweichen oder den Hund zu ignorieren (siehe ab Seite 97). Es ist in so einem Fall allein Ihre Aufgabe, die Lage unter Kontrolle zu bringen, indem Sie den Hund wieder auf seinen Platz schicken oder führen. Dort soll er sich abermals hinlegen. Bleiben Sie bei ihm, bis er ruhig ist und kehren Sie dann zurück zu Ihrem Gast.

Bellen auf der Straße

Wie in jeder anderen Situation auch kann es verschiedene Ursachen haben, wenn Ihr Hund auf der Straße etwas oder jemanden anbellt. Es kann sein, dass er aufgeregt oder verunsichert ist, dass ihm etwas komisch vorkommt und Sie ihm helfen sollen, nach dem Motto: Da ist was, mach was! Es kann aber auch sein, dass er meint, die Kontrolle übernehmen zu müssen, weil Sie ihm nicht klar genug gezeigt haben, dass Sie dafür verantwortlich sind. In allen Fällen rate ich, nicht aufgeregt oder gar wütend zu reagieren. Bleiben Sie ruhig und bringen Sie Ihren Hund dazu, dass er

sich hinlegt (so wie wenn er andere Hunde anbellt, siehe Seite 116). Stellen Sie sich dann zwischen ihn und die Sache, die er anbellt und warten Sie, bis er sich beruhigt hat. Erst dann gehen Sie weiter.
Ich weiß: Das klingt für viele erst einmal sehr umständlich. Aber ich verspreche Ihnen, dass Ihr Hund dadurch bald merkt, dass er nicht bellen muss. Wenn Sie konsequent bleiben. Aber diese Konsequenz lohnt sich. Denn die Kläfferei zerrt nicht nur an unseren Nerven. Sie ist auch purer Stress für den Hund. Entsprechend wird er es Ihnen danken, wenn Sie ihm einen Weg aus dem Dilemma zeigen.

Bellt ein Hund draußen viel, braucht er die Hilfe seines Menschen. Sonst kann er nicht entspannen.

GANZ ENTSPANNT FÜTTERN

Fressen sollte für den Hund etwas Tolles sein und ihn nicht aufregen.
Er sollte auch nicht denken, es verteidigen zu müssen, denn dann
kann er es nicht genießen. Helfen Sie ihm, das zu verstehen.

Bekannte fragen mich immer wieder einmal, ob es nicht ein ziemliches Durcheinander gäbe, wenn ich meine Hunde füttere. So viele hungrige Mäuler zu stillen, das könne doch gar nicht ohne Zankerei unter den Tieren vonstattengehen. Wenn diese Leute Glück haben, ist gerade Futterzeit und sie können das Ganze selbst miterleben – und staunen nicht schlecht, wie gesittet alles abläuft.

Es beginnt damit, dass ich zum Futterplatz gehe, um alles vorzubereiten. Die Hunde folgen mir zwar, sie freuen sich auch, weil sie natürlich ganz genau wissen, was jetzt kommt. Von Aufregung aber ist keine Spur. Niemand wuselt zwischen meinen Beinen herum oder versucht gierig, einen ersten Happen zu erwischen. Stattdessen: Schwanzwedeln, treue Blicke, ein paar freundliche gegenseitige Nasenstüber ...

Ich bereite währenddessen alle Näpfe vor. Dann fange ich an sie zu verteilen. Zuerst ist der älteste Hund an der Reihe. Ich stelle den Napf vor ihn, warte, bis er mich anschaut und gebe ihm dann mit einem Handzeichen das Signal, dass er fressen kann. Die jüngeren Hunde sehen so, dass Ruhe belohnt wird – und über-

nehmen automatisch dasselbe Verhalten. Das ist für mich besonders wichtig, weil ich manchmal Reha-Hunden aufnehme, die ich für eine gewisse Zeit in mein Rudel integriere. Mit Regeln wie dieser fällt es diesen Tieren leichter, sich wohlzufühlen und sich wie ein »normaler« Hund zu verhalten.

Was die Leute, wenn Sie mich beim Füttern beobachten, vor allem sehen, ist aber nicht diese kleine »Trainingseinheit«, sondern die Tatsache, dass kein anderer Hund versucht sich vorzudrängeln. Alle finden es ganz normal, dass sie noch warten müssen. Sie wissen ja auch, dass jeder etwas bekommt. Einem nach dem andern stelle ich seinen Napf vor und auch der Letzte ist geduldig. Wer fertig ist, geht auf die Seite und sieht den anderen zu oder trollt sich in den Garten. »Wie machst du das nur«, höre ich immer wieder.

Wie gesagt, es ist alles nur eine Frage der Regeln. Und meine lauten:

◆ Dem Hund sollte immer klar sein, dass das Essen mir gehört, dem Menschen.

◆ Nur wer ruhig ist, bekommt etwas davon ab.

◆ Wann eine Ausnahme gemacht wird, bestimme ich.

Futterneid? Von wegen. So entspannt kann es zugehen, wenn die Regeln allen klar sind.

Stress beim Füttern vermeiden

So harmonisch wie bei mir geht es leider nicht überall zu, selbst wenn man nur einen Hund hat. Nicht wenige meiner Kunden klagen zum Beispiel darüber, dass ihr Vierbeiner beim Füttern knurrt oder sogar nach ihrer Hand schnappt, wenn diese dem Napf während des Fressens zu nahe kommt. Das darf natürlich nicht sein. Jeder Hundehalter sollte ohne Bedenken seine Hand in den Napf strecken können, wenn der Hund gerade daraus frisst. Anderenfalls ist es nur noch ein winziger Schritt, bis er tatsächlich einmal zubeißt. Im schlimmsten Fall könnte er sogar nach irgendeinem

Kind auf der Straße schnappen, weil es etwas zu essen in der Hand hält – auf seiner Augenhöhe.

Im Grunde ist es doch ganz einfach. Alles, was der Hund wissen muss, ist, dass Sie die Frau oder der Herr des Futters sind. Dass es Ihnen gehört und nicht ihm. Und dass er nur deshalb etwas davon bekommt, weil Sie es so wollen. So weit die Theorie. Um diese dem Hund so zu erklären, dass er sie auch versteht, gibt es einige Tricks. Und die eignen sich nicht nur dazu, einem Welpen »Essmanieren« beizubringen. Auch wenn sich bei Ihrem Vierbeiner vielleicht schon die ein oder andere Unsitte eingeschlichen hat, lässt sich diese damit wieder beheben. Sie müssen nur den ersten Schritt tun, noch einmal zurück auf Start gehen und das Füttern ganz neu einüben. So wie Sie bei einem Welpen bei Null anfangen würden. Nur wenn ein Hund in Bezug aufs Futter aggressiv ist und seinen Besitzer tatsächlich schon gebissen hat, sollte der sich professionelle Hilfe holen.

1. SCHRITT: DEN RICHTIGEN ZEITPUNKT WÄHLEN

Ich werde häufig gefragt, wie oft man einen Hund füttern sollte oder ob es wichtig ist, dass er immer zur gleichen Zeit etwas zu fressen bekommt. Ich selbst halte mich jedoch nur an eins: Futter gibt es, wenn wir vom Spazierengehen nach Hause kommen. Dadurch bildet das Füttern den krönenden Abschluss des Gassigehens, so wie beim Wolf oder Wildhund das Fressen die Jagd beendet und deren Mühen belohnt.

»Der Hund soll sein Fressen nicht verteidigen sondern es genießen.«

Der Zeitpunkt bietet sich aber auch noch aus anderen Gründen an: Der Hund ist dann nämlich, wenn Sie sich beim Spaziergang an meine Empfehlungen gehalten haben (siehe Seite 68 und 69), bereits in einer ruhigen Position. Das sollten Sie ausnutzen. Schließlich ist es auch beim Füttern sehr wichtig, dass der Hund nicht aufgeregt ist. Ist er es doch, warten Sie ab, bis er wieder ruhig ist. Solange dies nicht der Fall ist, gibt es nichts zu fressen. Basta! Denn mit dem Futter würden Sie seine aufgeregte Haltung nur belohnen und dem Vierbeiner beibringen, dass es sich lohnt sich aufzuführen. Und das wäre schließlich genau das Gegenteil von dem, was Sie wollen.

Nach einem Spaziergang an einem heißen Tag belohnen Sie Ihren Hund, indem Sie ihm Wasser geben.

DIE FUTTERSITUATION SELBST IN DIE HAND NEHMEN

Sitzen lassen

Wann es Futter gibt, bestimmen Sie. Lassen Sie sich nicht bedrängen. Halten Sie den Napf auf Bauch- oder Brusthöhe. Dann setzt sich der Hund vermutlich automatisch hin und wird ruhiger. Je aufgeregter er ist, desto länger bleiben Sie so stehen und desto länger muss er sich gedulden. Dadurch lernt er, dass er erst etwas bekommt, wenn er sich ruhig verhält.

Abwarten üben

Haben Sie das Gefühl, der Hund hat sich beruhigt, stellen Sie den Napf langsam auf den Boden. Ihr Vierbeiner darf aber immer noch nicht aufstehen. Eventuell verbinden Sie daher ein entsprechendes Stoppsignal mit der Hand. Wenn alles nichts nützt und er einfach aufsteht, nehmen Sie den Napf eben wieder hoch und beginnen noch einmal von vorn. Bis er es verstanden hat und sitzen bleibt, solange Sie das möchten.

2. SCHRITT: FÜR RUHE SORGEN

Um Ruhe in die Sache zu bringen, lassen Sie den Hund sich erst einmal hinsetzen, was er ganz automatisch macht, wenn Sie den gefüllten Napf auf Brusthöhe eng vor sich halten. Senken Sie dann den Napf langsam Richtung Boden. Der Hund muss dabei sitzen bleiben. Wenn er aufsteht, nehmen Sie den Napf nochmals höher und sagen oder zeigen ihm, dass er sich wieder setzen muss.

Sind Sie bis hierhergekommen, haben Sie schon viel geschafft. Bevor Ihr Hund fressen darf, muss er aber noch den Blick vom Futter wenden und Sie anschauen. Erst dann hat er verstanden, dass er allein nicht daran kommt. Durch den Blickkontakt signalisiert er Ihnen: »Hilf mir« – und erkennt damit an, dass Sie die Sch(l)üssel in der Hand haben. Jetzt können Sie das Futter freigeben.

Indem Sie den Blickkontakt abwarten, setzen Sie übrigens wieder eine Art Grenze. Bei manchen Tieren

Futter freigeben

Ihr Hund muss lernen, dass das Futter Ihnen gehört. Ein deutliches Zeichen dafür ist, dass er den Blick vom Napf abwendet und Sie anschaut. Jetzt können Sie den Napf mit einem Handzeichen oder einem Wort freigeben. Will er schon vorher fressen, stoppen Sie ihn und lassen ihn sich wieder hinsetzen. Neuer Versuch!

chen ständig zwischen die Beine, steigen ihnen auf die Füße, springen an ihnen hoch … Das kennen Sie? Dann ist es am einfachsten, wenn Sie Ihrem Hund beibringen, dass er ein bisschen weiter entfernt wartet, bis Sie das Essen vorbereitet und hingestellt haben. Diesen Tipp habe ich übrigens erst kürzlich auch einem Freund gegeben, der sich einen Bernhardinerwelpen angeschafft hat. Er hat eine winzige Küche, weshalb ihm der Hund zwangsläufig über die Füße stolpern würde, wenn er neben ihm warten würde, bis er alles vorbereitet hätte.

Ich empfahl meinem Freund, jedes Mal, wenn er in die Küche geht und der Welpe ihm folgen will, ihn sanft wieder aus dem Raum zu manövrieren. Bis er versteht, dass er vor der Schwelle warten soll. Man geht also im Prinzip genauso vor, wie wenn man dem Hund seinen Platz zuweist. Das kennt er ja schon.

Ach ja, alles andere machen Sie dann, wie ich es gerade beschrieben habe: den Hund sitzend warten lassen, bis Sie alles fertig haben, Blickkontakt aufnehmen, Futter freigeben. Guten Appetit!

wirkt das so eindrucksvoll, dass sie zurückweichen, wenn man das Futter tatsächlich freigibt. In diesem Fall würde ich einen Schritt zurück machen und so signalisieren: »Alles okay, jetzt bist du an der Reihe.«

LASSEN SIE SICH NICHT (BE-)DRÄNGEN

Viele Hunde sind vor dem Füttern so aufgeregt, dass man das Fressen kaum herrichten kann. Sie wuseln in der Küche herum, laufen ihrem Frauchen oder Herr-

---

FÜNF FÜTTER-RICHTLINIEN

So gelingt entspanntes Füttern:
◆ Für Ruhe sorgen.
◆ Hund sitzen lassen.
◆ Blickkontakt aufnehmen.
◆ Futter freigeben.
◆ Genießen lassen.

Alles Gute kommt von oben – oder von uns, weil wir über das Futter bestimmen sollten.

Hilfe, mein Hund bettelt

Wenn ein Hund bettelt, haben wir ihm das unbeabsichtigt so beigebracht. Er hat irgendwann einmal unser Essen gerochen, ist zu uns gekommen, wollte etwas abhaben, und wir haben es ihm gegeben. Ist doch nichts dabei, das eine Mal. Oder doch?

Es ist normal, dass sich ein junger Hund für Ihr Essen interessiert. Dass er aufsteht und schnüffelt. Sie sollten ihm aber zeigen, was Sie von ihm erwarten: Dass er sich wieder hinsetzt oder -legt und das Essen ignoriert. Im Prinzip weiß ein Hund ja instinktiv, dass das Essen uns Menschen gehört. Wir müssen ihm nur gleich am Anfang unserer Beziehung zeigen, mit wem er es zu tun hat: mit einem Menschen, der bewusst die Verantwortung trägt. Und nicht mit einem, der nicht merkt, dass er die Verantwortung dem Hund überlässt. Daran sollten Sie immer denken, ehe Sie das erste Mal nachgeben.

Ich verrate Ihnen jetzt etwas: Wenn ich mit einem meiner Hunde im Restaurant bin, gebe ich ihm ab und zu etwas vom Tisch. Ich liebe es nämlich, unterwegs Sachen mit meinem Hund zu teilen. Allerdings warte ich damit, bis er gelernt hat, nicht zu betteln – und das bringe ich ihm genau so bei, wie Sie es zu Hause tun sollten. Wie lange das dauert, ist von Hund zu Hund unterschiedlich. Aber irgendwann sitze ich im Restaurant und bemerke meinen eigenen Hund nicht. Dann weiß ich: Ab jetzt kann ich ihm etwas zustecken. Wenn ich es will. Nicht wenn er darum bettelt. Das mag für viele kaum einen Unterschied machen. Aber er ist doch ein gewaltiger.

Der Hund frisst von der Straße

Die meisten Menschen sind ziemlich erleichtert, wenn man ihnen erklärt, dass ein paar einfache Regeln helfen, die Futtersituation zu entspannen. Gleichzeitig aber haben einige von ihnen ein schlechtes Gewissen, weil ihr Hund aufgrund dieser Regeln viel länger warten muss, bis er endlich fressen darf. Wo er das doch so gern tut und immer so hungrig ist. Ich kann Sie beruhigen: Es macht Ihrem vierbeinigen Freund viel weniger aus, ein bisschen zu warten, als ständig das Gefühl zu haben, er müsse selbst regeln, wie, wann und wo er Futter bekommt. Nichts anderes geht nämlich in ihm vor, wenn er aufgeregt ist. Das verunsichert ihn und tut ihm nicht gut. Hat er dagegen gelernt, dass das Essen von Ihnen kommt, hat er mehr Respekt vor Ihnen. Das wiederum stärkt die Bindung, weil er weiß, dass Sie für ihn sorgen. Er muss dann sein Fressen auch nicht verteidigen oder es anderen streitig machen.

Wenn Sie Ihrem Hund das Futter von Anfang an konsequent auf meine Art geben, ist das zudem der beste Weg, um zu vermeiden, dass Ihr Hund irgendetwas vom Boden frisst. Meine eigenen Hunde machen das nicht einmal, wenn mir in der Pizzeria ein Stück Salami auf den Boden fällt. Es sei denn, ich schiebe es ihnen hin und gebe es dadurch frei. Ich kann mir daher auch ziemlich sicher sein, dass sie beim Gassigehen keinen Abfall oder Aas fressen – was natürlich auch ein Schutz gegen mögliche Giftköder ist.

Sie können zusätzlich noch ganz gezielt mit dem Hund üben, dass er etwas, was auf dem Boden liegt, nicht einfach nehmen beziehungsweise fressen darf. Lassen Sie dazu zu Hause oder beim disziplinierten Gassigehen zum Beispiel ein Stückchen Wurst fallen und »provozieren« Sie den Hund dadurch in gewisser Weise. Ist er nicht darauf trainiert, wird er es fressen wollen. Das ist ganz normal, schließlich ist er ein Raubtier. Aber in dem Moment, in dem er sich die Wurst schnappen will, lenken Sie ihn ab. Beim Gassigehen an der Leine gehen Sie dazu einfach weiter und zeigen ihm die Richtung mit der Leine an. Zu Hause können Sie ihn zum Beispiel mit einem Spielzeug ablenken. Was herumliegt, braucht ihn nicht zu interessieren. Interessant sind Sie!

»ÜBUNGSVARIANTEN«

Je nachdem, wie schnell Ihr Hund lernt, dehnen Sie das Üben aus und machen ihm so noch mehr verständlich, dass das Futter Ihnen gehört. Sie können ...

- den Napf ein bisschen länger vor der Brust halten, sodass der Hund sich länger gedulden muss.
- den Napf während des Fressens in den Händen halten.
- den Napf zwischendurch wegnehmen, kurz abwarten und dann zurückgeben.
- Sie können auch erst die Hälfte des Futters in den Napf geben und ihn dann an sich nehmen, um ihn ein zweites Mal aufzufüllen – immer nach denselben Regeln.

RICHTIG MITEINANDER SPIELEN

Wohl jeder Hundesbesitzer spielt gern mit seinem Hund. Aber nur die wenigsten wissen, dass sie ihrem Vierbeiner damit nicht unbedingt eine Freude machen. Dabei müssten sie dazu nur ein paar Dinge beachten.

»Hilfe, mein Hund ist hyperaktiv.« Diesen Satz höre ich in letzter Zeit immer häufiger. Ich frage mich manchmal wirklich, wo all diese Tiere plötzlich herkommen sollen. Wenn ich dann aber unterwegs bin und sehe, wie und vor allem in welchem Ausmaß die Leute ihre Hunde beschäftigen, wundert es mich aber nicht mehr, dass einige unserer Vierbeiner so überdreht und nervös sind.

Das Fatale ist, dass sehr viele Hundebesitzer davon ausgehen, dass sich ihr Hund zu wenig bewegt, wenn er unausgeglichen ist und nicht zur Ruhe kommt. Und deshalb versuchen, ihn immer mehr auszupowern.

Spielen ja, aber nicht irgendwie

Hunde sind für mich in vielerlei Hinsicht wie Kinder, aber eines haben sie ganz offensichtlich mit jenen gemeinsam: Sie lieben es zu spielen. Nicht nur mit ihresgleichen, sondern auch mit uns Menschen. Und das Schöne am Spiel ist, dass es nicht nur ihm Freude bereitet, sondern auch uns. Was man spielt, ist dabei ei-

gentlich egal. Ich zum Beispiel liebe es, einfach mit meinen Hunden herumzutoben und genieße den Körperkontakt, den wir dabei ganz automatisch haben. Was nicht egal ist, ist, wie man miteinander spielt. Leider kann man jedoch eine ganze Menge falsch machen. Das musste auch ein junger Mann erfahren, der eines Tages meine Hilfe suchte. Und er ist beileibe nicht der Einzige, dem es so erging.

Weil er selbst recht sportlich war und sich am liebsten in der freien Natur aufhielt, war seine Wahl bei der Suche nach einem passenden Hund auf einen Border Collie gefallen. Zwei Jahre war dieser jetzt alt. Der junge Mann hatte sein Studium beendet und arbeitete jetzt in einem kleinen Start-up-Unternehmen. Den Hund mit zur Arbeit zu nehmen, war kein Problem. Die Zeit für gemeinsame Jogging- und Radtouren jedoch war mit den Monaten immer weniger geworden. Deshalb hatte er angefangen, einen Ball mit ins Büro zu nehmen, damit er wenigstens zwischendurch mit seinem Vierbeiner spielen konnte. Mittlerweile hatte er sich angewöhnt, den Ball vom Schreibtisch zur Tür hinauszuwerfen, wo er den langen Flur entlangflog

und kullerte. Das war praktisch und der Vierbeiner schien Gefallen daran zu finden. Daher warf er den Ball jedes Mal wieder, wenn der Hund ihn brachte. Und der kam oft. Geschätzt kämen sie so sicher auf ein bis zwei Stunden am Tag, in denen der Hund immer nur hin und her sauste, meinte er. »Wenigstens wäre der Hund durch die ganze Rennerei«, so hoffte der junge Mann, »abends so müde wie nach dem gemeinsamen Laufen.«
Seltsamerweise war der Hund zu Hause aber viel aufgedrehter als früher. Überhaupt gab es immer öfter Probleme, weil er nicht so folgte, wie es der Mann sich wünschte. Er lief auch schlechter an der Leine und bellte andere Hunde an. Das hatte er bisher nie gemacht. Was war nur los.

DER HUND ÜBERNIMMT DIE KONTROLLE

Der junge Mann und sein Border Collie sind kein Einzelfall. Leider ist diese Art des Spielens nämlich weitverbreitet. Es beginnt häufig damit, dass man mit einem Ball, Stock oder Frisbee aufgeregt vor dem Hund hin und her wedelt und ihn mit Worten anstachelt wie: »Schau mal, was ich hier habe.« Vielleicht tut man auch ein paarmal so, als würde man Ball, Stock oder Frisbee werfen. Auf jeden Fall wird der Hund dadurch extrem erregt – zum einen, weil sich die eigene Stimmung auf ihn überträgt, zum anderen weil sein natürlicher Jagdinstinkt geweckt wird. Wenn man das Ding dann endlich wirklich wirft, kann der Hund gar nicht anders, als wie der Blitz hinterherzujagen. Kommt er dann mit der »Beute« zu-

rück und man wirft sie erneut, steigert man die Aufregung immer noch weiter. Mit jedem Wurf noch ein bisschen mehr. So weit bis man nicht mehr von Spielen reden kann, weil es für das Tier fast schon ein Zwang ist, dem Ball hinterherzulaufen.

»Hunde brauchen es für ihr psychisches Gleichgewicht, etwas mit uns zu machen. Sie sind glücklich, gemeinsam etwas zu unternehmen und zusammen Spaß zu haben.«

Durch das Hin-und-Her-Gerenne verausgabt sich der Vierbeiner zwar vielleicht körperlich völlig, mental aber ist er angespannt wie ein Flitzebogen. Er ist nervös, gestresst und überdreht, und diese Verfassung kann schnell einmal in eine problematische Haltung umschlagen. Verstehen Sie mich nicht falsch: Das Problem ist nicht, dass der Mann mit seinem Hund Ball gespielt hat. Das Problem ist, dass er mit diesem Spiel den Spaziergang ersetzen wollte. Er wollte das Spiel nutzen, um dem Hund ein Ventil zu geben. Doch was macht der Hund? Er versucht, sein Umfeld zu kontrollieren und selbst zu bestimmen, was wie abläuft. Er läuft dann zum Beispiel beim Gassigehen im-

mer vornweg, zieht also auch an der Leine, bellt Artgenossen oder Menschen aus dem Weg, … genau wie
der Border Collie meines Kunden.

Dazu kommt noch: Weil dieser Hund selbst bestimmen konnte, wann gespielt wurde, geriet das bisher
gültige Vertrauen im Mensch-Hund-Team zusätzlich
gehörig ins Wanken. Denn ein Hund fühlt sich schnell
als angespannter Kontrollfreak, wenn wir den Ball jedes Mal werfen, sobald er ihn uns vor die Füße legt.
Dadurch nämlich hat er das Gefühl, das Spiel zu kontrollieren. Dabei sollte genau das unsere Aufgabe sein.
Kein Wunder, dass der Hund gar nicht mehr zur Ruhe
kam. Im vermeintlichen Bewusstsein, das neue »Fa-
milienoberhaupt« zu sein, hatte er gar keine Zeit
mehr, sich auszuruhen. Schließlich musste er ja immerzu aufpassen, was um ihn herum alles passiert.
Damit ihm und seinem Herrchen nichts passiert.
Das falsche Spiel kann also ganz schön gewaltige Folgen für die Mensch-Hund-Beziehung haben. Und es
steht der Harmonie absolut im Wege.

Spiel als Spiel zeigen

Niemand sollte Spielen als Mittel benutzen, um den
Hund müde zu machen oder zu erziehen. Ein Spiel
muss ein Spiel sein und darf nichts anderes ersetzen.
Es muss für beide immer als solches erkennbar sein.
Und dazu gehört auch, dass es zeitlich begrenzt ist.
Das ist sogar besonders wichtig.

Es mag hart klingen, aber wir respektieren die Natur
unserer Hunde nicht, wenn wir erwarten, dass sie

Gemeinsam etwas unternehmen ist für Hunde toller
als alles Spielzeug dieser Welt. Und für uns auch.

nach dem Spielen müde sind. Sie sind dann nämlich nur körperlich müde, nicht müde im Kopf. Äußerlich mögen sie erschöpft ein, innerlich aber sind sie aufgeregt. Unsere Hunde brauchen nicht nur eine Arbeit, um müde zu werden. Sie brauchen auch eine Aufgabe, die sie geistig fordert. Bei Tieren, denen diese vorenthalten wird, muss ich immer ein bisschen an Kinder denken, die von ihren Eltern vor den Fernseher gesetzt werden, damit die ihre Ruhe haben. Dass der Nachwuchs danach umso zappeliger und unausgeglichener ist, scheint ihnen nicht aufzufallen.

Sie kommen der Natur Ihres Hundes noch näher, wenn Sie bei der Wahl des Spiels berücksichtigen, welche Aufgaben seiner Rasse ursprünglich zugedacht waren. Spaniel zum Beispiel lieben es, Dinge aus dem Wasser zu apportieren, weil sie zur Entenjagd gezüchtet wurden. Es entspricht daher ihrer Natur, wenn sie sich im Wasser austoben können. Huskies haben Spaß daran, ihren Menschen auf Rollerblades hinter sich herzuziehen. Genauso nimmt ein ausgebildeter Müns-

terländer die Jagd mit einem Jäger wie ein Spiel. Aber diese Arbeit allein genügt ihm nicht. Der Jäger geht schließlich nicht jeden Tag auf die Pirsch. Daher hat der Hund wie jeder Vierbeiner noch seinen normalen Alltag. Jagen kann deshalb nicht die einzige Art sein, ihn auszulasten. Viele Menschen, die auf die oben beschriebene Art und Weise mit ihrem Hund spielen, hätten dazu vermutlich ohnehin nicht die Zeit – so wie mein Kunde.

Unser Alltag hält zum Glück genug andere Aufgabenstellungen bereit, in denen sich der Hund profilieren kann. Die beste davon ist das disziplinierte Gassigehen, wie ich es Ihnen auf Seite 68 und 69 vorgestellt habe. Auch wenn Sie im Alltag immer wieder die Dinge verlangen und üben, die Sie Ihrem Hund beigebracht haben, fordern Sie ihn auf ganzheitliche Art und Weise. Beschäftigung muss in den Alltag integriert werden, dann fühlt sich der Hund wohl. Und das schlägt sich auch auf sein Verhalten nieder: Wenn der Vierbeiner seinen Beitrag zu einem harmonischen Miteinander leistet, indem er das macht, was er machen soll, ist er ausgeglichen und ruhig. Dann ist er der souveräne Hund, den wir uns wünschen.

Ach ja, auch beim gemeinsamen Radfahren oder Joggen wird der Hund müde – aber eben nicht nur körperlich. Weil er uns dabei immer folgen muss, ist es echte Arbeit für ihn. Das leuchtete auch dem jungen Mann mit dem Border Collie ein. Schließlich gab es keinerlei Probleme, als die beiden noch gemeinsam Sport getrieben hatten. Erst infolge des falschen Ballspiels sah der Hund sein Herrchen nicht mehr als den Verantwortlichen an, der dieser zuvor für ihn war.

ZUSAMMENFASSUNG

Spielen ...

- ist nicht dazu gedacht, um den Hund müde zu machen
- sollte nicht isoliert für sich stehen, sondern Teil des Spaziergangs sein (bewusst Pause machen, um zu spielen).
- ist ein Teil des Zusammenlebens (es ist für Mensch und Hund gleichermaßen da).

Hier kann jeder einfach so sein, wie er ist. Und doch fühlen sich alle in der Gruppe wohl und geborgen.

Statt dem Tier Sicherheit zu schenken, vermittelte der Mann ihm nun das Gefühl, dass er seinen Menschen glücklich mache, wenn er immer auf einem hohen Niveau von Energie wäre. Dabei wünschte der Mann sich doch genau das Gegenteil.

»Wenn ich morgens jogge, mache ich das nicht, um müde zu werden, sondern weil es mir guttut. Genau so sollte es beim Spielen sein.«

MIT ALLEN SINNEN DABEI SEIN

Wie aber kann man nun mit dem Hund spielen, ohne ihm zu schaden? Wie gelingt es, dass beide Freude daran haben und gleichzeitig noch die Beziehung zueinander gefestigt wird? Zum Beispiel indem Sie beim Spaziergang eine Pause machen, in der Sie ganz bewusst miteinander spielen. Dadurch vermitteln Sie Ihrem Hund, dass Sie mit ihm spielen, um ihm eine Freude zu bereiten.

Geben Sie dem Hund außerdem immer das Gefühl, dass Sie die Kontrolle über das Spiel haben. Dazu gehört auch, dass Sie ganz bei der Sache sind und nicht am Handy telefonieren oder sich mit anderen Hunde-

SPIELEN
AUF MEINE ART

Sich richtig austoben

Beim Fangenspielen muss sich der Hund ganz auf mich konzentrieren. Das fordert seinen Kopf und nebenbei kommt er auch noch gehörig außer Puste. Ich übrigens auch. Wenn Sie sich dabei albern vorkommen, können Sie genauso gut auch mit Ihrem Hund joggen gehen. Was Sie für Sport halten, ist für ihn ein Spiel: gemeinsam durch die Natur rennen.

Gemeinsam die Welt entdecken

Es muss nicht immer wild zugehen. Sie können auch kleine Fährten für Ihren Vierbeiner legen, sich gemeinsam auf Spurensuche begeben oder ein neues Gebiet entdecken. Für Ihren Hund ist vor allem wichtig, dass Sie dabei ganz bei der Sache sind und nicht nebenbei mit dem Handy telefonieren oder sich anderweitig beschäftigen. Spielzeit ist ganz bewusst Zeit nur für Sie zwei. Genießen Sie die Nähe!

besitzern unterhalten. Und zu Hause, dass Sie nicht einfach nebenbei beim Fernsehen den Ball werfen. Oder im Büro, während Sie am Computer arbeiten. Wenn Sie nicht die Muße haben, sich voll und ganz auf Ihren Hund einzustellen, lassen Sie es lieber ganz bleiben. Auch wenn Sie es bisher so gemacht haben. Sie brauchen kein schlechtes Gewissen haben oder sich gemein vorkommen, wenn Sie seiner Aufforderung zum Spiel plötzlich nicht mehr nachkommen. Was Sie Ihrem Hund dafür geben, ist so viel mehr:

Er kann wieder lernen, Ihnen zu vertrauen, sich Ihnen anzuvertrauen. Und er kann endlich wieder zur Ruhe kommen. Er selbst sein.

DAS SPIEL BEENDEN

Vorsicht: Auch wenn man es richtig macht, kann ein Spiel den Hund »hochpushen«. Man muss ihn daher anschließend auch wieder zur Ruhe bringen. Dies gelingt am einfachsten, indem man selbst aufhört und

Verstecken spielen

Manchmal verstecke ich mich schnell, wenn mein Hund gerade konzentriert irgendwo herumschnüffelt und rufe ihn dann. Es dauert zwar nie lang, bis er mich entdeckt, aber es macht ihm Spaß, mich zu suchen. Und wenn er mich gefunden hat, toben wir ausgelassen noch ein bisschen miteinander herum.

Wenn er es drei-, vier- oder fünfmal immer weiter versucht, hat er gelernt, dass er nur lang genug nerven muss, damit Sie weiterspielen. Indem Sie nachgegeben haben, haben Sie ihn unbewusst (und ungewollt) darauf konditioniert. Aber auch hier lässt es sich umlernen. Es dauert nur vielleicht ein bisschen länger. Irgendwann wird aber jeder Hund merken, dass es einfach viel mehr Spaß macht, seinem Menschen zu folgen als noch einmal dem Ball oder Stöckchen hinterherzuhetzen. Weil das einfach seinem echten Wesen entspricht. Und ihn genau deshalb auch in dem Maße auslastet, das er braucht, um ein ausgeglichener, souveräner Partner zu sein. Wenn Sie richtig mit Ihrem Hund spielen, haben also beide etwas davon. Ihr Hund und Sie!

»Wenn man sich einen ausgeglichenen Hund wünscht, ist es auch wichtig, richtig spielen zu lernen.«

wieder ruhig wird. Dann kommt der Hund automatisch ebenfalls runter. Sagen Sie nicht: »So, jetzt ist Schluss. Wir hören auf.« Zeigen Sie ihm durch Ihr Verhalten, dass Sie selbst jetzt aufhören. Nehmen Sie zum Beispiel den Ball an sich und gehen Sie langsam ein Stückchen weiter. So beenden Sie die Spielzeit ohne Worte. Reagieren Sie auch nicht auf weitere Aufforderungen Ihres Hundes. Normalerweise wird er ziemlich schnell kapieren, dass der Spaziergang jetzt normal weitergeht.

Am Beispiel des Spielens wollte ich Ihnen ein letztes Mal zeigen, wie unkompliziert Hundeerziehung sein kann und wie gut sie sich in den gemeinsamen Alltag integrieren lässt. Ein perfektes Mensch-Hund-Team muss kein Traum bleiben. Sie müssen sich nur trauen, alte Verhaltensmuster hinter sich zu lassen und neue Wege zu gehen. Ihr Hund wird Sie gern begleiten.

WIE WICHTIG IST BELOHNUNG?

Wenn es ums Lernen geht, kommt man schnell zum Üben und dann steht unweigerlich irgendwann die Frage im Raum: Soll ich meinen Hund eigentlich belohnen, wenn er etwas richtig gemacht hat? Und wenn ja, wie?

Wenn Menschen ihre Vierbeiner belohnen wollen, geben sie ihnen meist ein Leckerli, schenken ihnen extra Streicheleinheiten oder bedenken sie mit ein paar lobenden Worten. Sie belohnen damit auf eine sehr menschliche Art. Denn wir sind es gewohnt, Anerkennung in irgendeiner Form von Geschenken auszudrücken. Ich selbst habe nicht das Gefühl, meine Hunde auf diese Art belohnen zu müssen. Ich sehe es als die größte Belohnung für mich und meine Hunde, dass wir zusammengehören. Das klingt selbstverständlich, wird aber zu oft vergessen.

Für einen Hund dagegen ist es im Grunde Belohnung genug, wenn sein Mensch ihn erkennt und mit Respekt behandelt, wenn der Mensch ihn liebt und der Hund Teil der Gruppe sein kann. Wenn er mit uns Menschen so leben darf, wie es seiner Natur entspricht. Wenn wir ruhig und sicher sind, und er sich dadurch automatisch auch so fühlt, ist er glücklich.

Leckerlis und ähnliche Dinge braucht er dazu nicht unbedingt. Sie können im Gegenteil sogar dafür sorgen, dass das Tier sich weniger wohlfühlt. Es ist nämlich gar nicht so selten, dass wir mit ihnen ein

Ihre Hand auf seiner Haut bedeutet für den Hund Sicherheit. Die schönste Belohnung!

falsches Signal senden: Aufregung.

Ein gequietschtes »Feiiin! Feiiin!«, ein wildes Über-den-Kopf-Wuscheln oder auf die Flanken klopfen, ein paar gierig verschlungene Leckerbissen machen den Hund schnell unruhig. Es ist dann kein Wunder, dass er wieder aufsteht, wo er sich doch gerade so schön hingesetzt oder -gelegt hat, dass er plötzlich Gas gibt, wo er doch eben noch so brav bei Fuß gegangen ist, dass er wieder aufs Sofa hüpft, von dem er doch vor einer Sekunde so folgsam heruntergesprungen ist.

»Belohnung«, die den Hund aufregt und das gewünschte Verhalten »zerstört«, ist keine Belohnung. Wollen wir den Hund dafür belohnen, dass er ruhig ist, müssen wir ihn belohnen, indem wir auch selbst ruhig sind.

ZWEI PAAR SCHUHE: MOTIVIEREN UND BELOHNEN

Möchten Sie Ihrem Hund etwas Neues beibringen, er also etwas tun soll, was er bisher nicht kennt, lässt sich das Lernen oft beschleunigen, wenn man die Situation mit angenehmen Dingen verknüpft – so wie Sie zum Beispiel ein Spielzeug oder ein Leckerli benutzen können, damit der Hund ins Auto steigt (siehe Seite 103).

Spielzeug und Leckerli sind in diesem Fall aber keine Belohnung, sondern eine Motivationshilfe. Die Belohnung wäre, dass Sie sich, wenn er im Auto sitzt, kurz zu ihm setzen, ihn ruhig streicheln und ihm dadurch die Sicherheit schenken, die er

Zeit zu zweit ist für Hunde viel wichtiger als Leckerli oder Spielzeug. Sie wollen ihr Leben mit uns teilen.

braucht, um sich auch in dieser Situation gut entspannen zu können.

Sobald der Hund gelernt hat, dass Autofahren nichts Besonderes ist, können Sie die Motivationshilfen weglassen. Sie müssen ihn dann auch nicht mehr jedes Mal belohnen, wenn er ins Auto einsteigt und sich hinlegt. Natürlich können Sie ihn auch weiterhin kurz ruhig streicheln, ihn anblicken oder ansprechen. Er braucht aber für das, was er tut, keinen »Preis« mehr.

Dasselbe gilt für alle anderen Alltagsdinge. Es ist wie bei einem Kind: Wenn es die ersten Schritte macht, sprechen wir ihm Mut zu, loben es und freuen uns mit ihm. Später dann ist es ganz normal, dass es neben uns herläuft. Wir müssen es nicht ständig dafür belohnen. Indem Sie ruhig und sicher sind, zeigen Sie Ihrem Hund zur Genüge, dass er alles richtig macht. Nichts anderes will er.

Glossar

Ein paar Begriffe fallen immer wieder, wenn es ums Thema Hundeerziehung geht. Aber was versteht man eigentlich unter …

ARTGERECHTE HUNDEHALTUNG

Bedeutet, dass man den Hund so weit wie möglich nach seiner Natur leben lässt, auf seine angeborenen Verhaltensweisen Rücksicht nimmt und ihn entsprechend behandelt. Der artgerechten Haltung im Weg steht die Vermenschlichung (siehe Seite 159).

BINDUNG

Bindung kann nur entstehen, wenn der Hund sich bei seinem Menschen absolut sicher fühlt. Daher muss jeder Hundebesitzer die Natur seines Vierbeiners erkennen und respektieren, allen voran sein tiefes Bedürfnis nach Sicherheit. Wenn ein Hund spürt, dass ein Mensch die Verantwortung für ihn übernimmt, können Zusammengehörigkeitsgefühl und Vertrauen wachsen. Voraussetzung für erfolgreiches Lernen.

BIORHYTHMUS

Im natürlichen Umfeld folgen bei Hunden auf Phasen der Arbeit und des Fressens Auszeiten, in denen sich die Tiere erholen können. Wer diesen Wechsel von Aufregung und Entspannung bei der Erziehung berücksichtigt, erleichtert seinem Hund das Lernen.

DOMESTIZIERUNG

Durch Einfangen oder Zähmen machte der Mensch aus Wildtieren Haus- und Nutztiere und veränderte durch Auslese und Isolation über Generationen deren Erbgut. Trotz Domestizierung schlummern in jedem Hund aber noch immer die Triebe eines Wolfes. Und wenn sich der Mensch der Verantwortung für seinen Hund nicht bewusst ist und ihm nicht die nötige Ruhe und Sicherheit schenkt, können diese Prädomestizierungsinstinkte jederzeit an die Oberfläche kommen. Das führt mitunter zu erheblichen Problemen und belastet die Mensch-Hund-Beziehung enorm.

INSTINKTE

Alle Tiere verfügen über ein Repertoire natürlicher Instinkte und damit über angeborene, zweck- und zielgerichtete Bewegungs- und Verhaltensmuster, die die jeweilige Spezies im Lauf der Evolution erworben hat und ihr Überleben sichern. Das Instinktverhalten wird nicht vom Intellekt kontrolliert, sondern durch eine bestimmte Situation oder einen bestimmten Reiz ausgelöst, der, vereinfacht ausgedrückt, eine Kette ganz bestimmter Reaktionen und Verhaltensweisen aktiviert. Bei Hunden unterscheidet man vier Instinkte, die sich gegenseitig beeinflussen: Jagdinstinkt, Sexualinstinkt, Territorialinstinkt und sozialen Rudelinstinkt (beide siehe Seite 159).
Jeder Hundebesitzer sollte sich so verhalten, dass er die Instinkte seines Vierbeiners unter Kontrolle hat, um sie für eine harmonische Beziehung zu nutzen.

KÖRPERSPRACHE

Lange bevor der Mensch die Verbalsprache entwickelte, konnte er mithilfe von Körpersprache und Instinkten kommunizieren. Unseren Hunden zuliebe sollen wir lernen, diese Fähigkeit wiederzuentdecken, öfter auf unser »Bauchgefühl« zu hören und unseren Körper als Kommunikationsmittel einzusetzen. Auch bei der Erziehung. Denn Hunde beobachten uns sehr genau und nehmen daher auch die unbedeutendsten Körpersignale wahr.

RANGORDNUNG

In jedem Hunderudel gibt es eine natürliche Rangordnung. Diese innere Struktur sorgt dafür, dass die Tiere in Sicherheit und Harmonie leben können. In einer Mensch-Hund-Beziehung übernimmt dank der Domestizierung (siehe Seite 158) automatisch der Zweibeiner die Verantwortung, sodass sich der Hund an ihm orientieren kann.

RUDEL

Im Gegensatz zur Herde, einem willkürlichen Zusammenschluss mehrerer Tiere, ist ein Rudel ein gewachsener Familienverband von Tieren einer Art, in den unter Umständen aber auch familienfremde Artgenossen eingebunden werden – sofern die einzelnen Rudelmitglieder sie annehmen. Ein Rudel ist eine in sich geschlossene Gruppe, in der eine soziale Rangordnung herrscht und deren Mitglieder feste Rollen und Aufgaben übernehmen. Das sorgt für eine Struktur, in der sich jedes einzelne Rudelmitglied sicher und aufgehoben fühlt und seine individuellen Fähigkeiten optimal entfalten kann.

SOZIALER RUDELINSTINKT

Bindeglied und gewissermaßen Voraussetzung für alle anderen Instinkte des Hundes und die Grundlage dafür, die eigenen Rolle im Rudel oder einer artübergreifenden Gruppe zu finden und sich sozialverträglich zu verhalten. Wer diesen Instinkt bei der Hundehaltung und -erziehung berücksichtigt, kann erfolgreich diejenigen Instinkte benutzen, um eine vertrauensvolle Bindung zu seinem Hund aufzubauen.

TERRITORIALINSTINKT

Sichert das Jagdrevier und den Lebensraum des Rudels (siehe oben). Wenn ein Hund meint, Anspruch auf ein »Revier« zu haben, das seinem Menschen gehört, kann es zu Problemen kommen.

VERMENSCHLICHUNG

Die Grenze zur schädlichen Seite der Vermenschlichung wird immer da überschritten, wo eigene Emotionen auf den Hund projiziert werden. Wo die Signale des Hundes als menschliche Signale und somit als menschliche Bedürfnisse missdeutet werden. Und wo man dadurch die natürlichen Bedürfnisse des Hundes vergisst.

Register

Übungsregister

Bücher und Adressen, die weiterhelfen

BÜCHER AUS DEM GRÄFE UND UNZER VERLAG

Arce, Jose: **Meine 5 Geheimnisse für eine glückliche Mensch-Hund-Beziehung.**

Birmelin, Immanuel: **Macho oder Mimose. So erkennen Sie die Persönlichkeit Ihres Hundes und schaffen eine innige Beziehung.**

Böhm-Reithmeier, Inga/von der Leyen, Katharina: **Leinen los! Freilauftraining für den Hund.**

Hegewald-Kawich, Horst: **Hunderassen von A bis Z. Über 200 beliebte Rassen aus aller Welt.**

Lindner, Ronald: **Was Hunde wirklich wollen.**

Ruge, Nina/Bloch, Günther: **Was fühlt mein Hund? Was denkt mein Hund?**

Schlegl-Kofler, Katharina: **Hundesprache. Damit wir uns richtig verstehen.**

Schmidt-Röger, Heike: **Hunde. Das große Praxishandbuch.**

ZEITSCHRIFTEN

Dogs. Gruner + Jahr, Hamburg, www.dogs.de

Partner Hund. Ein Herz für Tiere Media GmbH, Ismaning, www.partner-hund.de

ADRESSEN

Berufsverband der Hundeerzieher/innen und Verhaltensberater/innen e. V. (BHV)
Auf der Lind 3
65529 Waldems-Esch
www.bhv-net.de

Institut für Tierschutz und Verhalten, Tierschutzzentrum
Bünteweg 2
30559 Hannover
www.tierschutzzentrum.de

Interessensgemeinschaft Deutscher Hundehalter e. V.
Auguststr. 5
22085 Hamburg

Verband für das Deutsche Hundewesen e. V. (VDH)
Westfalendamm 174
44141 Dortmund
www.vdh.de

Institut für interdisziplinäre Erforschung der Mensch-Tier-Beziehung (IEMT Österreich)
Margaretenstr. 70
A-1050 Wien
www.iemt.at

Österreichischer Kynologenverband (ÖKV)
Siegfried Marcus-Str. 7
A-2362 Biedermannsdorf
www.oekv.at

Institut für interdisziplinäre Erforschung der Mensch-Tier-Beziehung (IEMT Schweiz)
Unterwerkstr. 19
CH-8052 Zürich
www.iemt.ch

Schweizerische Kynologische Gesellschaft (SKG / SCS)
Brunnmattstr. 24
CH-3007 Bern
www.skg.ch

Tierregistrierung

Deutsches Haustierregister, Deutscher Tierschutzbund e. V.
In der Raste 10
53129 Bonn
www.registrier-dein-tier.de
www.deutsches-haustierregister.de
Tel.: 0228/60496-35

Internationale Zentrale Tierregistrierung (IFTA)
Nördliche Ringstr. 10
91126 Schwabach
www.tierregistrierung.de
Tel.: 00800/43820000, kostenlose Hotline

TASSO e. V. Haustierzentralregister
Frankfurter Straße 20
65795 Hattersheim am Main
www.tasso.net
Tel.: 06190/937300

Fragen zur Haltung
beantwortet Ihr Zoofachhändler und der Zentralverband Zoologischer Fachbetriebe Deutschlands e. V. (ZZF), www.zzf.de, Online-Portal: www.my-pet.org, Tel: 0611/44755332 (Mo 12–16, Do 8–12 Uhr)

INTERNETADRESSEN

www.jose-arce.com
Internetseite des Autors

www.hallohund.de
Hundemagazin mit Themen rund um den Hund.

www.hunde.com
Infos rund um den Hund, Diskussionsforum.

WICHTIGE HINWEISE

Die Informationen und Empfehlungen in diesem Buch beziehen sich auf gesunde, normal entwickelte und charakterlich einwandfreie Hunde. Es gibt Hunde, die aufgrund von Krankheiten, mangelhafter Sozialisierung oder schlechter Erfahrungen mit Menschen in ihrem Verhalten auffällig sind und eventuell zum Beißen neigen. Diese Tiere sollten nur von erfahrenen Hundehaltern aufgenommen werden. Bei Hunden aus dem Tierheim können Pfleger und Tierheimleitung oft Auskunft über die Vorgeschichte des Vierbeiners geben. Trotz aller Sorgfalt und Genauigkeit können weder Verlag noch Autor Garantien oder Haftungen für Personen-, Sach- oder Vermögensschäden übernehmen, die durch die Anwendung der vermittelten Sachverhalte und Methoden entstehen können. Für jeden Hund ist ein ausreichender Versicherungsschutz zu empfehlen.

DIE FOTOGRAFIN

Debra Bardowicks ist schon seit ihrer Kindheit von Tieren fasziniert. Mit ihrem Beruf verbindet sie ihre beiden Leidenschaften: Tiere und Fotografie. Als freie Fotografin reist sie für ihre spannenden Projekte um die Welt. Zahlreiche Bilder von ihr findet man in Zeitschriften und Büchern. Tierfotos von Debra Bardowicks gibt es im Internet unter www.animal-photography.de

DANK DES AUTORS

Einen ganz besonderen Dank an meine Eltern, Pepe und Antonia, die immer an mich geglaubt haben. Speziellen Dank auch an meine Schwiegermutter Charlotte aus Pinneberg, die von der ersten Minute an mein größter Fan war.

Die werden Sie auch lieben.

BARF FÜR HUNDE
ANDRÉ SEEGER
ISBN 978-3-8338-4844-5

JOSÉ ARCE
Meine 5 Geheimnisse für eine glückliche Mensch-Hund-Beziehung
ISBN 978-3-8338-3681-7

INGA BÖHM-REITHMEIER | KATHARINA VON DER LEYEN
LEINEN LOS!
FREILAUFTRAINING FÜR DEN HUND
ISBN 978-3-8338-4734-9

Hundeberater
Welcher Hund passt zu mir?
Laden im App Store

KATHARINA SCHLEGL KOFLER
TRICKKISTE HUNDE ERZIEHUNG
ISBN 978-3-8338-3352-6

KATHARINA SCHLEGL KOFLER
HUNDESPRACHE
Damit wir uns richtig verstehen
ISBN 978-3-8338-4146-0

Alle hier vorgestellten Bücher sind auch als eBook erhältlich.

Mehr von GU auf **www.gu.de** und
facebook.com/gu.verlag

Projektleitung: Maria Hellstern
Mitarbeit am Text und Lektorat: Sylvie Hinderberger
Bildredaktion: Petra Ender
Umschlaggestaltung und Layout: independent Medien-Design, Horst Moser, München
Satz: Christopher Hammond
Herstellung: Susanne Mühldorfer
Repro: Longo AG, Bozen
Druck & Bindung: F&W Druck-&Mediencenter GmbH, Kienberg

ISBN 978-3-8338-5222-0

1. Auflage 2016

Bildnachweis: Alle Bilder stammen von **Debra Bardowicks**, mit Ausnahme von: **Tatjana Drewka:** 43, 70, 86; **F1online:** 50, **Gettyimages:** 10, 30, 50, 44, 47, 130, 133, 137, 138; **Oliver Giel:** 24, 52, 94; **Matias Kovacic:** 46; **Plainpicture:** 38, 93, 100, 119; **Shutterstock:** 34, 68, 154 (Hintergrundbild); **Trio Bildarchiv:** 20, 74, 88, 112; **Jana Weichelt:** 122, 146.

Syndication:
www.jalag-syndication.de

Umwelthinweis: Dieses Buch ist auf PEFC-zertifiziertem Papier aus nachhaltiger Waldwirtschaft gedruckt.

QUALITÄTS
G|U
GARANTIE

Liebe Leserin, lieber Leser,
haben wir Ihre Erwartungen erfüllt? Sind Sie mit diesem Buch zufrieden? Haben Sie weitere Fragen zu diesem Thema? Wir freuen uns auf Ihre Rückmeldung, auf Lob, Kritik und Anregungen, damit wir für Sie immer besser werden können.

GRÄFE UND UNZER Verlag
Leserservice
Postfach 86 03 13
81630 München
E-Mail:
leserservice@graefe-und-unzer.de

Telefon: 00800 / 72 37 33 33*
Telefax: 00800 / 50 12 05 44*
Mo–Do: 9.00 – 17.00 Uhr
Fr: 9.00 – 16.00 Uhr
(* gebührenfrei in D, A, CH)

Ihr GRÄFE UND UNZER Verlag
Der erste Ratgeberverlag – seit 1722.

GRÄFE UND UNZER

Ein Unternehmen der
GANSKE VERLAGSGRUPPE

 www.facebook.com/gu.verlag